Toponymie et ressources géologiques en Amérique du Nord (Québec)

Nomino ergo sum
« Je nomme donc je suis »
Dirigée par Alain Coïaniz et Marcienne Martin

La collection « Nomino ergo sum » est dédiée aux études lexico-sémantiques et onomastiques, sans exclure, de manière plus large, celles qui prennent comme objet le fonctionnement et la construction de la signification, aux plans discursif, interactionnel et cognitif.

Tous les champs de l'humain sont concernés : histoire, géographie, droit, économie, arts, psychologie, sociolinguistique, mathématiques… pour autant que l'articulation épistémologique se fasse autour des lignes de force de l'intelligibilisation linguistique du monde.

Marcienne MARTIN

TOPONYMIE ET RESSOURCES GEOLOGIQUES EN AMERIQUE DU NORD (QUEBEC)

L'Harmattan

5-7, rue de l'École-Polytechnique ; 75005 Paris
http://www.editions-harmattan.fr
ISBN : 978-2-343-15059-8
EAN : 9782343150598

À Martin Dallaire
Président de la société Visible Gold Mines

À Robert Sansfaçon
Géologue

Les fourbisseurs de pierre[1]

Habités par l'esprit de Vulcain,
Les fourbisseurs de pierre
Défrichent, caressent et pénètrent,
De leurs mains rudes et noircies,
Un sol dont l'âme minérale brille
De tous ses cristaux de pyrite
Et de ses filons d'or.

Ils courent le bois profond, avancent
À travers rus, pierres moussues, lichens argentés
Et ombres cavalières,
Afin d'estourbir
Le gardien de la terre murmurante et secrète
Et d'y prélever des espaces de lumière.

Marcienne Martin

Le temps minéral
Recueil de poésie, 2015, p. 91.

[1] Dans le cadre du Grand prix des Sources 2012 qui s'est tenu à Lamalou-les-Bains (France), ce poème a reçu le Diplôme d'honneur.

SOMMAIRE

Chapitre IV

PRÉFACE

C'est en consultant des articles en relation avec la toponymie aux Archives nationales de Paris que j'ai découvert des toponymes de type descriptif, transcrits en langue inuite, mais traduits en langue française, et en relation avec des roches situées dans le nord du Québec, au niveau de la baie d'Ungava. La corrélation entre toponymie descriptive et géologie m'a alors interpellée, d'où la mise en place de cette étude. Ce projet intitulé : *Étude de la toponymie et des ressources géologiques en Amérique du Nord* et qui fait l'objet du présent ouvrage, a été articulé autour de la mise en relation des entités toponymiques du groupe amérindien des Cris avec les ressources minéralogiques répertoriées, ou potentielles, de la province du Québec, au Canada (voir carte page 21). De manière globale, il a intégré le territoire d'application du Plan Nord et, plus spécifiquement, celui des titres miniers (claims) dont est propriétaire la compagnie Visible Gold Mines, laquelle m'a offert l'opportunité d'effectuer ces travaux de recherche en onomastique et m'a également donné l'autorisation de les publier dans le cadre de cet essai.

Comme le spécifie le Gouvernement du Québec : « Le territoire du Plan Nord s'étend à l'ensemble du territoire du Québec situé au nord du 49e parallèle. Il couvre près de 1,2 million de km^2, ce qui représente 72 % de la superficie du Québec[2] ». Sur ce territoire, moins de 2 % de la population du Québec y est regroupée, soit un peu plus de 120 000 personnes, dont 33 000 Autochtones[3]. La population autochtone est subdivisée en quatre sous-groupes : les Inuits, la nation Crie, la nation Innue, et la nation Naskapie, chacune ayant sa propre culture et sa propre langue.

Pourquoi les toponymes pourraient-ils être indicateurs de ressources minérales et, éventuellement, de minerais ? La nomination des objets du monde prend sa source dans l'observation de l'environnement par l'*homo sapiens* et de sa retranscription informationnelle dans le cadre d'une approche communicative : langage oral et langage écrit. La réécriture des objets du monde se décline de façon très variée, notamment, avec l'usage de termes génériques qui correspondent à un objet représentant une classe d'objets : une automobile est un habitacle de transport posé sur quatre roues, mais sa fabrication en fournit des aspects très variés. En linguistique, ce type

---

2

https://www.premier-ministre.gouv.qc.ca/actualites/communiques/details.asp?idCommunique=234
Page consultée le 29 mars 2018.

3 https://plannord.gouv.qc.ca/wp-content/uploads/2015/04/Synthese_PN_FR.pdf

d'unité lexicale est appelé « hyperonyme », soit un « terme dont le sens inclut celui d'un ou de plusieurs autres[4] ». Il subsume l'hyponyme dont « le signifié est hiérarchiquement plus spécifique que celui d'un autre[5] ». Il en est ainsi des toponymes ou noms de lieux comme « Les gros **rochers** » (hyperonyme) ou « La falaise aux **rochers rouges** » (hyponyme).

Le nom donné aux lieux a permis aux différents groupes humains de se repérer tout en structurant leur espace. À ce propos, le fondateur de la société Nomen, spécialisée dans la création de noms de marque et de compagnie, spécifie ainsi :

> Notre légitimité est fondée sur notre connaissance des racines culturelles de la société. L'histoire, comme l'étymologie sont incontournables, sans lesquelles nous ne pourrions proposer aux entreprises des noms ancrés dans leur patrimoine (*in* Watin-Augouard, 2005, p. 21).

Pour exemplifier ce phénomène, nous prendrons quelques noms désignant des compagnies minières ainsi que l'histoire de leur création :

> Ainsi, interrogée lors d'une communication personnelle, la compagnie Breakwater m'a expliqué que cette dénomination est née d'un événement particulier : les fondateurs discutaient des différents modes de production de leur compagnie sur un brise-lames, et le nom « breakwater » est né de cette situation spécifique (communication personnelle, Ann Wilkinson, Vice President, Investor Relations, mai 2006). La société Agnico-Eagle, quant à elle, a été fondée en 1972 suite à la fusion de Agnico Mines Limited, un important producteur d'argent, située à Cobalt en Ontario, et de Eagle Gold Mines Limited, une entreprise d'exploitation aurifère. En ce qui concerne Aur Resources Inc., dont le siège social est situé à Toronto, elle voit son nom francisé sur son site de Val d'Or (Québec). Elle est alors dénommée Les Ressources Aur inc., qui lorsque ce syntagme est développé devient « Les ressources aurifères » (Martin, 2007, p. 289).

---

[4] http://www.cnrtl.fr/definition/hyperonyme - Page consultée le 29 mars 2018.
[5] http://www.cnrtl.fr/definition/hyponyme - *Ibid.*

Tout d'abord, qu'est-ce que la toponymie ? De *topos* signifiant « lieu » en grec, la toponymie couvre différents objets : astéronyme, hydronyme, odonyme, oronyme, régionyme, toponyme commémoratif, toponyme dédicatoire, toponyme descriptif[6]. Le toponyme est donc un nom propre attribué à une entité géographique. Quelques définitions des spécificités toponymiques sont données ci-dessous.

Astéronyme : nom donné à un astre.

Hydronyme : nom propre d'un lac, d'un cours d'eau.

Odonyme : nom propre qui désigne une voie de communication.

Chemin du Roy

Oronyme : nom propre d'un mont, d'une montagne.

Régionyme : nom de région. Région pris dans son sens large ; une unité administrative ; un espace défini ou délimité par des critères scientifiques particuliers.

La régionymie est une branche de la toponymie qui s'occupe des noms de régions, quant à leur origine, leur signification et à leur application spatiale. On appelle aussi régionymie l'ensemble des noms d'espace dans un État ou une superficie donnée. Au Québec, on retrouve, entre autres, les régions (culturelles ou d'appartenance), les régions administratives et les régions touristiques.

***Quelques exemples de régionyme*[7]**

Abitibi (région, Québec)
Témiscamingue (région, Québec)
Ces deux régions naturelles et régions d'appartenance constituent la région administrative d'Abitibi-Témiscamingue.

Jal (région, Québec)
Région d'appartenance, dont le nom est composé d'une lettre pour chacun des noms des trois municipalités qui la composent : Saint-Juste-du-Lac (J), Auclair (A) et Saint-Godard-de-Lejeune (L). Cette sous-division se situe

---

[6] L'ensemble des définitions présentées ainsi que les exemples qui leur sont associés sont extraits du *: Lexique des termes utiles à l'études des noms de lieux* (Dorion, et Poirier, 1975) ainsi que de la Commission de toponymie du Québec : http://www.toponymie.gouv.qc.ca/ct/accueil.aspx.

[7] http://www.toponymie.gouv.qc.ca/ct/accueil.aspx

dans la région de Témiscouata dans la région administrative du Bas-Saint-Laurent.

Toponyme commémoratif : nom de lieu rappelant le souvenir d'un événement historique.

Barrage Daniel-Johnson (Rivière-aux-Outardes, Québec).

Le nom du barrage commémore le décès du Premier ministre Daniel Johnson. Son décès a eu lieu le jour même de l'inauguration en 1968.

Toponyme dédicatoire : nom de lieu qui rappelle la mémoire d'une personne.

Ville-Guay (hameau, Lévis, Québec).

Nom composé du générique « **ville** » et de l'anthroponyme **Guay**. Ce nom rappelle le souvenir de monseigneur Charles Guay qui, en 1901, a fondé l'hospice de l'endroit pour venir en aide aux défavorisés de la paroisse.

Toponyme descriptif : nom de lieu dont l'élément spécifique révèle une caractéristique physique d'une entité géographique, en se référant à sa forme, à sa couleur ou à ses dimensions. Il peut s'agir aussi des noms qui évoquent d'autres caractéristiques du milieu telles la flore, la faune ou la **géologie**, objet de la présente étude.

Quelques exemples de toponymes descriptifs[8]

Lac à Deux Étages (Saint-Damien, Québec)
Ce nom décrit la forme courbée du lac, comme à deux étages.

Lac Culotte (Lac-Devenyns, Québec)
Ce toponyme est descriptif par sa comparaison à la forme d'une culotte.

Lac Long
Ce nom est un homonyme populaire. Au Québec, il y a 163 lacs portant ce nom officiel. Ils sont souvent localisés dans une vallée glaciaire.

Lac Opwatn (Longue-Pointe-de-Mingan, Québec)
Nom descriptif, qui signifie *lac dont les bords dégèlent plus vite que le centre*.

---

[8] *Ibid.*

permettraient éventuellement de vérifier si ces lieux ont déjà fait l'objet d'explorations et/ou d'exploitations minières et si les résultats correspondraient aux indices véhiculés par le toponyme en question. Si rien n'a été fait, et avec la prise en compte de la législation en cours dans le domaine de la géologie, une étude sur le terrain pourrait alors permettre de vérifier l'observation faite par les gentilés et de procéder à l'évaluation d'une ressource minérale supposée existante.

Les exemples ci-dessous, pris sur le site de la Commission de Toponymie, montrent la corrélation existante entre l'observation (toponymie descriptive) et la minéralogie existant sur le terrain.

La Vallée-de-l'Or - Origine et signification

Comme il est mentionné sur le site de la Commission de toponymie du Québec[13] :

> Cette municipalité régionale de comté est située dans la partie nord-est de la région administrative de l'Abitibi-Témiscamingue. Sa superficie est d'environ 27 356 km². Le nom ***La Vallée-de-l'Or*** est celui qu'on donnait à la région des sources de l'Harricana, au début des années 1930, à l'époque de la ruée vers l'or abitibien.

Parc de la Côte-Jaune - Origine et signification

La Commission de toponymie du Québec précise à ce propos[14] :

> Ce parc est situé entre l'avenue Dargis-Ménard et le chemin du Camping-Régional. Son nom a été donné en souvenir d'un lieu de rassemblement familial du quartier nord de Malartic dans les années 1950 à 1970, baptisé « ***Côte-Jaune*** » en raison du beau sable jaune qu'on y trouvait.

Dans le cadre de cette étude faite sur les toponymes existants en relation avec les titres miniers détenus par la société Visible Gold Mines, l'ouvrage de référence est en relation avec les Cris, groupe ethnoculturel situé dans cette région. Intitulé : *La toponymie des Cris*, il a été publié en 2003, sous l'égide de la Commission de toponymie du Québec. Comme il y est précisé, la toponymie répertoriée est largement descriptive :

> Comme plusieurs auteurs l'ont déjà constaté, et ceci s'applique aussi aux autres nations amérindiennes et aux Inuits, la toponymie crie se caractérise

---

[13] http://www.toponymie.gouv.qc.ca/CT/toposweb/Fiche.aspx?no_seq=376772
Page consultée le 29 mars 2018.
[14] http://www.toponymie.gouv.qc.ca/CT/toposweb/Fiche.aspx?no_seq=403274 – *Ibid.*

> par une nomenclature largement descriptive. Cette spécificité est intimement liée au milieu naturel où les lieux nommés se réfèrent principalement à l'hydrographie, à la topographie ainsi qu'aux ressources de la faune et de la flore (2003, p. 29).

À raison d'une trentaine de toponymes au minimum par page, nous obtenons quelque 6720 occurrences. Elles sont présentées avec les mentions suivantes :

Toponyme	*Signification*	*Feuillet*	*Latitude*	*Longitude*	*Statut Toponyme officiel ou autre renvoi*

Dans l'ouvrage susmentionné, outre les différents répertoires topographiques, il y est présenté une approche historique de la nation autochtone concernée ainsi que les différents éléments linguistiques relatifs à la construction de leur langue et, en aval, de leurs toponymes. Des cartes sont affichées et nous trouvons également une bibliographie qui pourrait servir elle aussi de fonds documentaire.

***

Je remercie très chaleureusement Martin Dallaire, président de la société Visible Gold Mines, de m'avoir offert la possibilité d'organiser cette étude en 2012, Robert Sansfaçon, géologue, de m'avoir donné de nombreuses informations dans le cadre du champ de recherche en géologie ainsi que pour la relecture et la correction de l'ouvrage, Michel Lévesque, technicien en géo-informatique de m'avoir fourni les cartes en relation avec ce projet, ainsi que Lyne Lagrange, coordonnatrice.

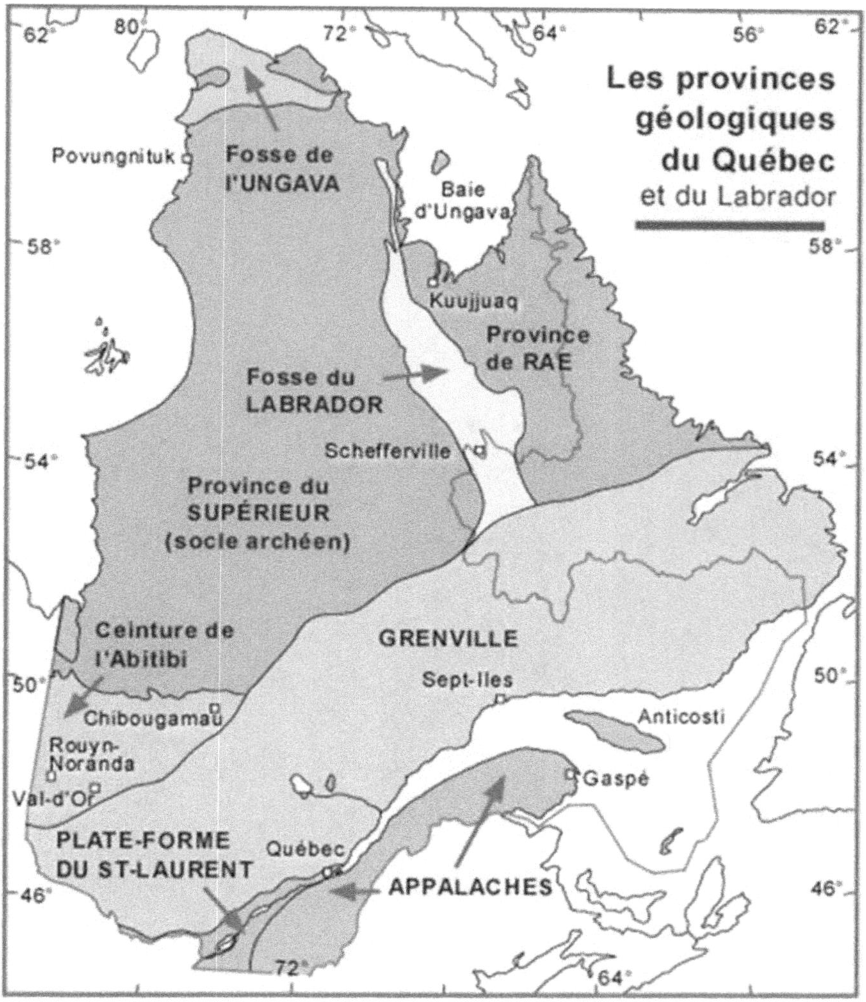

Carte 1 – Les provinces géologiques du Québec et du Labrador
Source :
http://www2.ggl.ulaval.ca/personnel/bourque/s5/5.1.carte.geol.quebec.html

AVANT-PROPOS

Afin de permettre au lecteur d'aborder plus facilement cette étude toponymique, nous allons développer la méthode utilisée.

Comme nous l'avons mentionné dans la préface, cette étude a été faite à partir des titres miniers gérés par la société Visible Gold Mines sur la base de toponymes prenant leur source dans la culture du groupe autochtone des Cris.

Cet ouvrage est divisé en trois chapitres. Le premier chapitre contient trois dossiers. Dans le premier dossier, les toponymes étudiés réfèrent à la géologie à travers l'utilisation d'hyperonymes, soit des termes génériques. Il en est ainsi des unités lexicales : « montagne », « sable », « roche/rocher ». Dans le deuxième dossier, ce sont des toponymes liés à des spécificités rocheuses comme la texture avec le terme : « strate » et la couleur avec les unités lexicales : « rouge » et « jaune » ainsi que les occurrences participant de leur champ sémantique. Dans le troisième dossier, chaque occurrence toponymique repérée est mise en relation avec les études lithologiques du secteur étudié. Les unités géologiques qui pourraient y être associées sont posées comme hypothèses.

Dans le deuxième chapitre, les occurrences toponymiques étudiées sont : « blanc », « argile », « sable », « brillant », « noir », « pierre à fabriquer des pipes ». Chacune des particularités mises en exergue fait l'objet d'un sous-chapitre. Dans le dernier dossier, il sera analysé l'éventuelle relation existant entre les trente et un toponymes analysés et les unités géologiques existant sur leur zone géographique.

Dans le troisième et dernier chapitre, l'ensemble des toponymes étudiés (73) sera pris en compte et chacun d'eux sera mis en relation avec les ressources géologiques déjà décelées sur le terrain. Cette approche du lien possible ou existant d'un toponyme descriptif avec l'observation lithologique qui pourrait lui être associée se décline donc de plusieurs manières : repérage sur le terrain avec deux cartes, unités géologiques qui y ont été décryptées et corrélation du toponyme descriptif avec celles-ci.

***

Dans les dossiers relatifs aux toponymes étudiés à partir de leur particularité visuelle (couleur, brillance, texture, utilisation, etc.) : chapitres 1 et 2, nous avons utilisé des cartes topographiques sous deux formats dans le cadre de la mise en relation des occurrences repérées avec les unités géologiques. L'échelle de la première carte est au 1/300 000. Elle a été téléchargée à partir du *SNRC* : Système national de référence cartographique[15]. Il y est montré la section où est situé le toponyme. Dans la deuxième carte, il est indiqué son emplacement exact à l'aide des coordonnées géographiques fournies par l'ouvrage : *La toponymie des Cris* ; son échelle est au 1/40 000. Cette présentation est illustrée dans l'exemple figurant à la page suivante.

Par ailleurs, dans chaque dossier étudié, la numérotation des figures y est réinitialisée

[15] http://atlas.gc.ca/toporama/fr/index.html
http://www.rncan.gc.ca/sciences-terre/geographie/information-topographique/cartes/9768

Toponyme	Feuillet	Coordonnées géographiques	
		Latitude	Longitude
Amikukiwasich, Lac soit *le lac rouge*	33L/08 Interdit à l'exploration	54° 17'	78° 06'

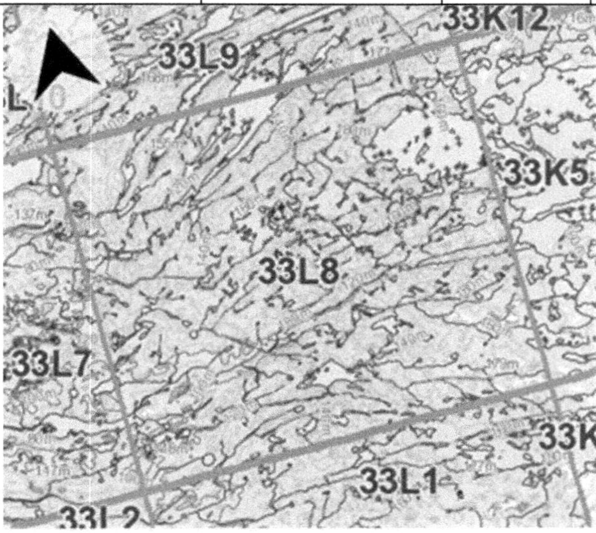

Figure 5 — Carte topographique : secteur 33L/08

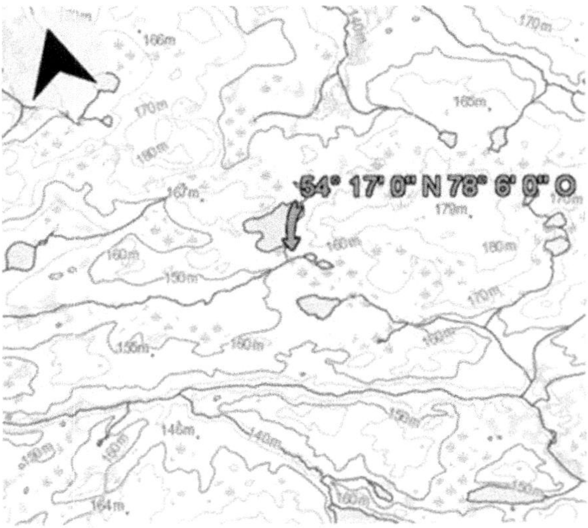

Figure 6 — Carte topographique des coordonnées du toponyme : *Le lac rouge*

Dans un deuxième temps, chaque particularité repérée au niveau des toponymes sera analysée d'un point de vue géologique. Cette étude intégrera le dernier sous-chapitre de chacun des deux premiers chapitres. Dans cette présentation, nous trouverons le toponyme en langue crie, sa traduction française, le numéro du feuillet, ce qui correspond à sa localisation, ainsi que ses coordonnées géographiques, tout ceci suivi de la carte. La spécificité indiquée à travers le toponyme – dans cet exemple, la couleur rouge – sera corrélée aux ressources géologiques existant dans cette zone. En fonction des résultats, la référence lithologique lui sera associée avec une mention explicative, comme il est présenté dans cet exemple : « L'occurrence toponymique *Le lac aux eaux rouges* est en relation avec l'unité lithologique **4** ». Par ailleurs, et afin que le lecteur puisse faire le lien entre couleur/structure/aspect nommés dans le toponyme et les unités lithologiques qui pourraient lui être liées, les composants de ces dernières sont cités à plusieurs reprises dans les différents chapitres.

La lithologie a pour signification : « […] science qui a pour objet l'étude des pierres et des roches.[16] ». Dans le cadre de l'information liée aux différentes ressources géologiques citées, nous utiliserons le syntagme : « unité lithologique » associé à telle étude de roche comme il est présenté ci-dessous ; cet exemple est extrait de l'étude faite sur le toponyme : *Le lac aux eaux rouges*, dont l'ensemble est présenté à la page suivante.

14 : Roches granitiques syn- à tarditectoniques : granite, granodiorite, monzonite et syénite ; quantité mineure de diatexite.

2a : Amphibolite, métabasalte et gneiss mafique.

4 : Roches métasédimentaires : paragneiss et schiste à biotite, grenat, orthopyroxène, sillimanite, andalousite, cordiérite, staurotide et/ou disthène ; formation de fer, marbre et granite blanc d'anatexie associé aux roches métasédimentaires ; présence commune de roches intrusives et volcaniques.

Les chiffres **14**, **2a** et **4** correspondent à des roches spécifiques et renvoient aux unités lithologiques **14**, **2a** et **4** repérées dans la province du Québec et dont l'ensemble figure en annexe.

[16] http://www.cnrtl.fr/definition/lithologie - Page consultée le 10 avril 2018.

Toponyme	Feuillet	Coordonnées géographiques	
		Latitude	Longitude
Kamikwakamach soit *le lac aux eaux rouges*	32N/06 Quelques zones interdites	51° 21'	77° 11'

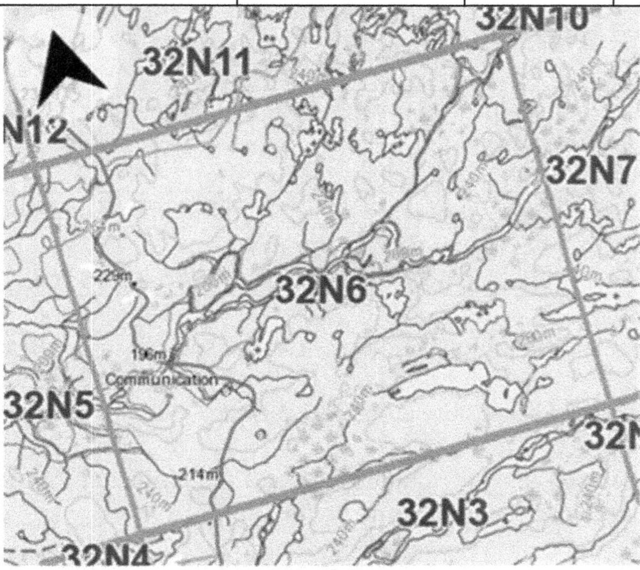

Figure 10 — Carte topographique : secteur 32N06

Les unités lithologiques associées au secteur 32N06 sont les suivantes :

14 : Roches granitiques syn- à tarditectoniques : granite, granodiorite, monzonite et syénite ; quantité mineure de diatexite.

2a : Amphibolite, métabasalte et gneiss mafique.

4 : Roches métasédimentaires : paragneiss et schiste à biotite, grenat, orthopyroxène, sillimanite, andalousite, cordiérite, staurotide et/ou disthène ; formation de fer, marbre et granite blanc d'anatexie associé aux roches métasédimentaires ; présence commune de roches intrusives et volcaniques.

L'occurrence toponymique *Le lac aux eaux rouges* est en relation avec l'unité lithologique **4**.

***

Dans le troisième et dernier chapitre, nous reprendrons l'ensemble des caractéristiques des toponymes étudiés qui sont au nombre de 73 et nous les associerons à des spécificités géologiques déjà repérées, lesquelles seront mises en relation avec les éléments descriptifs desdits toponymes (couleur, brillance, texture, utilisation, etc.), comme il est présenté dans l'exemple ci-dessous.

FEUILLETS *SNRC* 32L/01

Tableau 10 – Toponymes et unités lithologiques par regroupement de secteurs (1 occurrence)

Toponyme	*Signification*	*Feuillet*	*Latitude*	*Longitude*
Mistaukau Sakahikan	Le lac de la grande étendue de sable	32L/01	50° 08'	78° 19'

Les observations lithologiques repérées dans le secteur susmentionné :

2a : Amphibolite, métabasalte et gneiss mafique.

9 : Granitoïdes pré- à syntectoniques : gneiss tonalitique et trondhjémitique ; gneiss non subdivisé ; quantité mineure de diorite.

***

Le dernier chapitre sera suivi d'une annexe comprenant un tableau reprenant les différentes unités lithologiques et les minéraux repérés dans la province du Québec (Canada), d'un glossaire regroupant un ensemble de termes inusuels dont certains réfèrent à la linguistique, de la bibliographie et de la liste des illustrations.

CHAPITRE I

Étude de la toponymie et des ressources géologiques

avec les unités lexicales :

sable, rocher, montagne, strate, rouge, jaune et aux termes associés

1.1 Introduction

Dans cette étude, il sera analysé les toponymes de la communauté des Cris figurant sur les secteurs au sein desquels la société Visible Gold Mines possède des titres miniers (claims). Situé sur le territoire dénommé Plan Nord et couvrant les secteurs dont la latitude est comprise entre 51° et 56° et la longitude entre 73° et 79°, le nombre d'occurrences référant à des indices géologiques est de 83, cependant certains toponymes sont redondants quant à leur localisation. La culture crie est une culture de type oral et l'interprétation phonétique de la prononciation des mots, dont les toponymes, est à la source de nombre de doublons, d'où la redondance de certaines occurrences. Les caractéristiques afférentes à ces toponymes sont les suivantes :

- strates ;
- rouge ;
- ocre ;
- jaune ;
- blanche (laiteuse) ;
- argile ;
- sablonneux ;
- brillant ;
- sable blanc étincelant ;
- reflets brillants ;
- eaux miroitantes ;
- argenté dans l'eau ;
- noire ;
- sable ;
- les îles où il y a la pierre pour fabriquer des pipes

Comme nous l'avions mentionné dans la préface, la toponymie des Cris est essentiellement de type descriptif. Vallières et Turcotte mentionnent à ce propos :

> Les Cris associent de très près à leur culture la toponymie, discipline vouée à l'étude des noms de lieux. En effet, cette nation, autrefois nomade et peuple de chasseurs-cueilleurs, a occupé un vaste territoire géographique comprenant le bassin de plusieurs grands cours d'eau qui se jettent dans la baie James et la baie d'Hudson dans le Nord-du-Québec (2003, p. IX).

Ces auteurs précisent que :

> […] La présente nomenclature géographique constitue un témoignage de ce peuplement dont on retrouve des traces jusqu'à Kuujjuaq, au sud de la baie

> d'Ungava et même dans la péninsule du Labrador. [...] Les inventaires toponymiques menés chez les Cris depuis les 25 dernières années ont permis de recueillir plusieurs milliers de noms provenant de la majeure partie du territoire nordique comprise entre le 50e et le 55e parallèle et même au-delà (*ibid.*).

Cette approche sociologique de la nomination des lieux est liée à l'observation d'un fait marquant tel que la couleur d'une roche, la présence de tel animal ou de tel végétal, etc. ; ceci induit que le marquage toponymique des Cris est basé sur une transcription de la réalité telle qu'elle est, et non sur une interprétation de celle-ci qui serait, alors, d'ordre culturel. En effet, ce repérage qui devait être compris par l'ensemble de la communauté ne passait pas par une transcription graphique du toponyme, mais par sa transmission orale, d'où l'importance de bien décrire les noms des lieux.

1.2 Dossier 1 – Toponymes descriptifs de la communauté des Cris référant à la géologie

La toponymie descriptive des Cris dans les secteurs étudiés renvoie à différents domaines, dont la géologie avec les occurrences suivantes présentées avec le numéro de feuillet (secteur), la latitude et la longitude (14 occurrences) (tableau 1.1).

Tableau 1.1 – Occurrences toponymiques en relation avec la géologie

Dénomination	*Feuillet*	*Latitude*	*Longitude*
La rivière de la passe **sablonneuse**	33A/15	52° 57'	72° 57'
Le lac au **sable fin** (?)	23D/04	52° 09'	71° 43'
Le lac des rétrécis **sablonneux**	23D/12	52° 42'	71° 35'
Le lac des rétrécis **sablonneux**	23D/11	52° 45'	71° 15'
La petite **montagne**	23D/07	52° 18'	70° 37'
La petite **montagne**	23D/03	52° 10'	71° 20'
La rivière au **sable blanc**	32P/13	51° 58' 47"	73° 35' 09"
Le lac aux **gros rochers**	32P/04	51° 00'	73° 37'
Les **gros rochers**	32P/03	51° 08'	73° 08'
Les **gros rochers**	32P/06	51° 30'	73° 15'
Les **gros rochers**	32P/04	51° 05'	73° 53'
Les **gros rochers**	32P/04	51° 08'	73° 46'
Les **gros rochers**	32P/04	51° 06'	74° 00'
La pointe **sablonneuse**	32P/06	51° 17'	73° 04'

Cette terminologie géologique recouvre des toponymes dont la description est d'ordre général : montagne, sable, roche, rocher. Ces unités lexicales référant à un objet considéré dans le cadre d'une approche globale renvoient au champ sémantique des hyperonymes. Selon le *TLFi*[17], le sable est une « roche sédimentaire meuble, constituée de petits fragments provenant de la désagrégation de roches et de nature diverse (notamment silice) », alors que le terme « roche » recouvre le sens de : « masse de pierre escarpée, isolée, formant bloc à la surface du sol ». Le terme « rocher » renvoie aux affleurements sur lesquels les géologues de terrain prélèvent des échantillons. Quant au terme « montagne », il réfère à une forme de relief « consistant en élévations importantes de terrains, résultant d'un soulèvement du sol et caractérisée par une forte dénivellation entre sommets et fonds de vallées[18] ».

En dehors des descriptions d'ordre général, nous trouvons, dans cette série, des adjectifs qui permettent de caractériser l'objet observé tel que « fin » pour « sable fin » et « blanc » pour « sable blanc », et c'est à partir de ces spécifications que notre analyse va prendre place. Ces différents syntagmes intègrent la catégorie des hyponymes, puisqu'ils donnent au terme général une spécificité (texture, couleur…). En effet, la précision « sable fin » montre que cette description renvoie à une « roche meuble, constituée de grains de quartz, d'une dimension de 0,1 à 2 mm. Au-dessus de 2 mm, gravier et galets » (*Lexique de Géologie*[19]).

Pour ce qui est de la précision : « sable blanc », elle laisse supposer que ce sable, à cause de sa couleur, contiendrait de la silice en quantité plus importante. La silice ou dioxyde de silicium (SiO2) est un groupe qui « comprend les minéraux presque uniquement composés de silice. Certains sont cristallisés, tels que le quartz, la trydimite et la cristobalite ; d'autres, généralement rassemblés sous le nom de calcédoine, sont cryptocristallins ; l'opale est amorphe » (Hamilton, Woolley, Bishop, 1990, p. 128).

Dans la liste des hydronymes, nous trouvons le toponyme suivant : *Natastin, Lac* ou *le lac aux eaux mortes* (feuillet 32P/04, latitude : 51° 04', longitude : 73° 52') dont l'intitulé évoque des eaux qui ne sont pas propices à la vie. Ce phénomène serait-il causé par la présence de tel ou tel minéral qui donnerait ce caractère à ces eaux ?

Cette approche particulière de la géologie présente un intérêt essentiel : celui de l'observation exacte faite par les populations autochtones, puisque leur répertoire toponymique leur servait de carte d'orientation sur le terrain, ce

---

[17] *Cf. Trésor de la langue française informatisé* consultable par le lien URL : http://atilf.atilf.fr/

[18] http://www.cnrtl.fr/definition/montagne - Page consultée le 20 avril 2018.

[19] http://operabaroque.fr/Lexique.htm

qui fait référence aux technologies actuelles comme le GPS, sigle ayant pour signification : *Global Positioning System* et qui correspond, en langue française, au géopositionnement par satellite.

Par ailleurs, à partir de l'ouvrage : *La toponymie des Cris*, il a été repéré d'autres toponymes descriptifs référant à la géologie et situés en dehors de la propriété de Visible Gold Mines. L'analyse de ces derniers pourrait ouvrir sur une approche géologique beaucoup plus vaste que ceux décryptés dans le présent ouvrage. En effet, nous trouvons les occurrences suivantes : strates, rouge, ocre, reflet jaune, eau blanche (laiteuse), argile, boue rouge, rocher brillant, etc.

1.3 Dossier 2 – De la toponymie en relation avec les unités lexicales « strate », « rouge », et « jaune »

Dans ce dossier, l'étude portera sur les caractéristiques descriptives suivantes :

- strates ;
- rouge et les termes associés ;
- jaune et les termes associés.

En ce qui concerne le mode opératoire de classification et d'analyse des toponymes, nous les répartirons par caractéristique. Chacune d'elle fera l'objet d'une présentation prenant en compte des minéraux susceptibles de lui correspondre.

1.4 Dossier 2 – Occurrences toponymiques avec l'unité lexicale « strates »

La stratification est une des propriétés des roches sédimentaires. Comme le souligne Schumann : « Certains minéraux se rencontrent uniquement, ou principalement, dans les roches sédimentaires. Ce sont les évaporites, de nombreux carbonates, quelques sulfates et quelques phosphates, ainsi que la plupart des minéraux argileux » (2010, p. 62).

1.5 Dossier 2 – Occurrences toponymiques avec l'unité lexicale « rouge » et les termes associés

L'occurrence « rochers rouges » renvoie à différents types possibles de roche. En géologie, la couleur rouge signifie souvent un apport primaire ou secondaire de composés riches en fer comme l'hématite, la pyrite, la magnétite, l'ankérite.

Tableau 1.2 – Indices géologiques de couleur rouge	
Minéraux de couleur rouge	*Caractéristiques*
Hématite	Mode de gisement : minéral accessoire dans de nombreuses roches. Couleur : gris-noir, brun-rouge, irisations multicolores. (Schumann, 2010, p. 104)
Pyrite	Nom : Pyrite Classe : Sulfures La sous-classe des sulfures est la plus importante de la classe (environ 380 espèces et variétés). Elle est habituellement divisée en séries comprenant des minéraux de structure identique (sous-classes de la sphalérite, de la galène, etc.) La formule générale est XaYb, X désignant les éléments métalliques, Y le Soufre[20].
Magnétite	Nom : Magnétite Classe : Oxydes. Comme son nom l'indique, ce minerai est fortement magnétique.
Ankérite	Nom : Ankérite Classe : Carbonates La sous-classe des carbonates renferme 182 espèces et variétés minérales au nombre desquels des minéraux majeurs de l'écorce terrestre comme la calcite et la dolomite. Incolores ou de couleur variable, liée à la nature des cations contenus, leur dureté est faible, inférieure à 5 pour la plupart. Les plus communs font effervescence aux acides[21].

Les occurrences toponymiques référant à cette couleur sont situées sur les secteurs présentés dans le tableau 1.3 :

[20] http://webmineral.brgm.fr:8003/mineraux/Main.html
[21] *Ibid.*

Tableau 1.3 – Toponymes associés à la couleur rouge et à leurs proxèmes (14 occurrences)				
Toponyme	*Signification*	*Feuillet*	*Latitude*	*Longitude*
Amikukiwasich, Lac	Le lac rouge	33L/08	54° 17'	78° 06'
Amimakwausakach, Falaise	La falaise aux rochers rouges	33O/04	55° 02'	75° 38'
Kamihkusakaw, Lac	Le lac aux rochers rouges	33K/05	54° 25'	77° 38'
Kamikuwach Uministikumawaw	L'île des caps rouges	33L/12	54° 37'	79° 43'
Kamikwakamach	Le lac aux eaux rouges	32N/06	51° 21'	77° 11'
Kamikwakwasich, Lac	Le lac… rouge	33K/13	54° 49'	77° 38'
Kamikwapiskach, Ruisseau	Le ruisseau aux rochers rouges	33N/05	55° 24'	77° 33'
Kamikwapuschikaw, Lac	Le lac à la boue rouge	33C/12	52° 30'	77° 35'
Kamikwasisakaw, Ruisseau	Le ruisseau aux rochers rouges	33F/02	53° 04'	76° 52'
Wimin	L'endroit où il y a du vermillon (peinture)	33N/06	55° 27'	77° 28'
Wimin Atat Sipis	La rivière où on trouve du vermillon (peinture)	33N/06	55° 27' 29"	77° 27' 40"
Wiminchi, Colline	La colline du vermillon	32K/13	50° 56'	77° 53'
Wiminuchi Sakahikan	Le lac de la montagne du vermillon	32K/13	50° 53'	77° 50'
Wiminuchistikw, Ruisseau	Le ruisseau de la montagne du vermillon	33F/02	53° 10'	76° 57'

1.6 Dossier 2 – Occurrences toponymiques avec l'unité lexicale « jaune » et les termes associés

Cette partie de l'étude sera consacrée à la présentation des occurrences toponymiques dont les caractéristiques sont associées à la couleur jaune et à la couleur ocre. Dans l'ensemble des toponymes répertoriés (plus de 6720 occurrences), le corpus relatif aux caractéristiques précitées, extrait de l'ouvrage : *La toponymie des Cris* comprend onze occurrences. S'agissant de la couleur « ocre », elle renvoie à la signification suivante : « Substance colorante naturelle, d'un jaune plus ou moins accentué, constituée par de l'argile et des oxydes de fer hydraté (ocre jaune), anhydre (ocre rouge/sanguine), parfois mélangés d'oxyde de manganèse (ocre brune)[22] ». La couleur « brun/ocre » dans une roche se retrouve souvent liée à l'altération potassique provenant de la séricite, de la biotite et des feldspaths potassiques que l'on retrouve dans certaines mines aurifères comme à Malartic (Québec) ou celle de la mine *Julietta* en Russie sibérienne (précision de Robert Sansfaçon, géologue).

Dans le tableau 1.4, il est présenté les quelques minéraux cités ainsi que leurs caractéristiques.

Tableau 1.4 – Indices géologiques de couleur jaune et ocre

Minéraux de couleur jaune et ocre	*Caractéristiques*
Oxydes de fer hydraté	Synonyme de goethite (Schumann, 2010, p. 106)
Anhydre	Classe : Sulfates Description : Cette sous-classe comprend des composés formés avec des radicaux (SO4)--. Elle comprend environ 270 espèces et variétés, hydratées ou anhydres, que l'on trouve dans tous les types de terrain[23].
Oxyde de manganèse	Pas d'information
Séricite	Roche métamorphique (Schumann, 2010, p. 46)
Biotite (groupe des micas)	Nom : Biotite[24] Classe : Phyllosilicates Système cristallin : Monoclinique

[22] *Cf. Trésor de la langue française informatisé* (*TLFi*) consultable par lien *URL* : http://atilf.atilf.fr/

[23] http://webmineral.brgm.fr:8003/mineraux/Main.html

[24] *Ibid.*

	Formule : K(Mg, Fe) 3(Si3Al)O10 (OH, F) 2
Feldspaths potassiques	Nom : Feldspath[25] Classe : Tectosilicates Système cristallin : Monoclinique

Tableau 1.5 – Toponymes associés à la couleur jaune et aux termes associés (11 occurrences)

Toponyme	*Signification*	*Feuillet*	*Latitude*	*Longitude*
Ausaukwanuch, Lac	Le lac où on voit un reflet jaune	33C/12	52° 37'	77° 47'
Miyachisachistu-wach, Lac	La dernière charge du lac à l'eau jaune	32K/12	50° 33'	77° 54'
Miyachisachistu-wach, Lac	La dernière charge du lac à l'eau jaune	32K/13	50° 59'	77° 51'
Usawakami, Ruisseau	Le ruisseau aux eaux jaunes	32N/12	51° 41' 10"	77° 44' 05"
Usawakami Sakahikan	Le lac aux eaux jaunes	32K/13	50° 58'	77° 54'
Usawakamiu, Lac	Le lac aux eaux jaunes	32N/04	51° 01'	77° 46'
Usawakamiu, Marais	Le marais aux eaux jaunes	32M/07	51° 17'	78° 31'
Usawakamiu, Ruisseau	Le ruisseau aux eaux jaunes	32M/07	51° 17'	78° 35'
Usawakamiu	La rivière aux eaux jaunes	32M/07	51° 18'	78° 35'
Auchikapatanuch, Portage	Le court portage de l'eau ocre (?)	33N/02	55° 09'	76° 58'
Auchikapatanuch, Portage	Le court portage de l'eau ocre (?)	33N/03	55° 11'	77° 24'

[25] *Ibid.*

1.7 Dossier 3 – De l'ensemble des toponymes étudiés en relation avec leurs caractéristiques liées à la géologie

Les toponymes indiqués sur les différentes cartes de ce dossier réfèrent à des caractéristiques de type géologique : forme (strates), couleur (rouge, jaune et ocre). La démarche cognitive du peuple autochtone des Cris qui a été à l'origine de la mise en place d'une carte mentale dont les toponymes descriptifs en sont les repères, s'apparente à celle des prospecteurs. Si, pour le peuple Cri, il s'agit de noter une particularité du relief en vue de se localiser, pour le prospecteur, cette même particularité servira à évaluer la nature de la minéralisation en place. Ce sont donc ces particularités bien spécifiques et communes qui vont servir le but différent des uns et des autres.

Concernant le présent dossier, chaque toponyme ayant qualité soit de strates, soit de couleur rouge, jaune et ocre est présenté avec son nom en langue crie, sa traduction en langue française, le numéro de feuillet avec une mention relative à l'exploration (permise, permise sous conditions ou interdite), ses coordonnées géographiques ainsi qu'une carte du secteur au 1/300 000e et une carte de la situation géographique du toponyme au 1/40 000^{e}

S'agissant des différents secteurs étudiés, Michel Lévesque, technicien en géo-informatique de Visible Gold Mines, m'a fourni une carte les recensant avec les zones permises, permises sous conditions, ou interdites à l'exploration. Le corpus des toponymes présenté dans ces travaux recouvre l'ensemble de ces secteurs. Le choix d'intégrer des toponymes appartenant à des zones interdites à l'exploration a été motivé pour la raison suivante : s'il s'avère que la caractéristique spécifique au toponyme correspond à une réalité géologique, par exemple la couleur rouge pouvant être l'indice de roches contenant de l'hématite, de la pyrite, de la magnétite, de l'ankérite, etc., il serait alors intéressant de mettre en corrélation des cartes géologiques de la zone en relation avec lesdits indices et évaluer si la zone minéralogique existe au-delà de la zone interdite et d'en faire alors la prospection.

1.8 Dossier 3 – Toponymes associés aux feuillets *SNRC* (27 occurrences)

Dans ce même ordre d'idées, il sera présenté dans le dossier intitulé : *Toponymes associés aux feuillets SNRC* (27 occurrences), des cartes de l'ensemble de ces toponymes repérés dans la région du Plan Nord, mais découpées par feuillet ayant comme base des cartes géologiques. Cette procédure permettra de faire une éventuelle corrélation entre toponymes et zones minéralisées déjà recensées et de vérifier d'une part, si le toponyme en fait partie et, d'autre part, s'il est l'indice de la continuité d'une masse de roche dont une partie seule a été analysée et dont l'autre pourrait l'être grâce à ce nom de lieu. Ils seront présentés par ordre ascendant ce qui correspond sur la carte à une direction sud/nord. Le nombre d'occurrences toponymiques est de 27 ; ils figurent dans le tableau 1.6.

Tableau 1.6 – Toponymes associés aux feuillets *SNRC* (27 occurrences)

Toponyme	*Signification*	*Feuillet*	*Latitude*	*Longitude*
Miyachisachistuwach, Lac	La dernière charge du lac à l'eau jaune	32K/12	50° 33'	77° 54'
Miyachisachistuwach, Lac	La dernière charge du lac à l'eau jaune	32K/13	50° 59'	77° 51'
Usawakami Sakahikan	Le lac aux eaux jaunes	32K/13	50° 58'	77° 54'
Wiminuchi Sakahikan	Le lac de la montagne du vermillon	32K/13	50° 53'	77° 50'
Wiminchi, Colline	La colline du vermillon	32K/13	50° 56'	77° 53'
Usawakamiu, Marais	Le marais aux eaux jaunes	32M/07	51° 17'	78° 31'
Usawakamiu, Ruisseau	Le ruisseau aux eaux jaunes	32M/07	51° 17'	78° 35'
Usawakamiu	La rivière aux eaux jaunes	32M/07	51° 18'	78° 35'
Usawakamiu, Lac	Le lac aux eaux jaunes	32N/04	51° 01'	77° 46'
Kamikwakamach	Le lac aux eaux rouges	32N/06	51° 21'	77° 11'
Usawakami, Ruisseau	Le ruisseau aux eaux jaunes	32N/12	51° 41' 10"	77° 44' 05"
Ausaukwanuch, Lac	Le lac où on voit un reflet jaune	33C/12	52° 37'	77° 47'
Kamikwapuschikaw, Lac	Le lac à la boue rouge	33C/12	52° 30'	77° 35'
Akapitayapiskach, Anse	La baie des rochers en strates	33D/10	52° 34'	78° 44'
Akipitayapiskach, Falaise	La pointe des rochers en strates	33E/02	53° 01'	78° 59'
Wiminuchistikw, Ruisseau	Le ruisseau de la montagne du vermillon	33F/02	53° 10'	76° 57'
Kamikwasisakaw, Ruisseau	Le ruisseau aux rochers rouges	33F/02	53° 04'	76° 52'
Kamihkusakaw, Lac	Le lac aux rochers	33K/05	54° 25'	77° 38'

	rouges			
Kamikwakwasich, Lac	Le lac… rouge	33K/13	54° 49'	77° 38'
Amikukiwasich, Lac	Le lac rouge	33L/08	54° 17'	78° 06'
Kamikuwach Uministikumawaw	L'île des caps rouges	33L/12	54° 37'	79° 43'
Auchikapatanuch, Portage	Le court portage de l'eau ocre (?)	33N/02	55° 09'	76° 58'
Auchikapatanuch, Portage	Le court portage de l'eau ocre (?)	33N/03	55° 11'	77° 24'
Kamikwapiskach, Ruisseau	Le ruisseau aux rochers rouges	33N/05	55° 24'	77° 33'
Wimin	L'endroit où il y a du vermillon (peinture)	33N/06	55° 27'	77° 28'
Wimin Atat Sipis	La rivière où on trouve du vermillon (peinture)	33N/06	55° 27' 29"	77° 27' 40"
Amimakwausakach, Falaise	La falaise aux rochers rouges	33O/04	55° 02'	75° 38'

Ce phénomène peut être observé avec ces deux toponymes ayant la même dénomination : le court portage de l'eau ocre (?), mais dont l'un est situé sur le secteur 33N/02 avec les coordonnées géographiques : 55° 09' et 76° 58', alors que l'autre est situé sur le secteur 33N/03, avec les coordonnées géographiques : 55° 11' et 77° 24' et qui renvoient sur la carte à des zones humides ? S'il s'agit d'un indice minéralogique, s'agirait-il alors de la même masse de roche couvrant les deux secteurs ?

Tableau 1.7 – Liste des feuillets *SNRC*				
32K/12	32K/13	32K/13	32K/13	32K/13
32M/07	32M/07	32M/07	32N/04	32N/06
32N/12	33C/12	33C/12	33D/10	33E/02
33F/02	33F/02	33K/05	33K/13	33L/08
33L/12	33N/02	33N/03	33N/05	33N/06
33N/06	33O/04			

Toponymes descriptifs de la communauté des Cris référant à la géologie

Quatorze occurrences

Toponyme	Feuillet	Coordonnées géographiques	
Kaaupaunahkau Siipii, soit *la rivière de la passe sablonneuse*	33A/15	Latitude	Longitude
		52° 57'	72° 57'

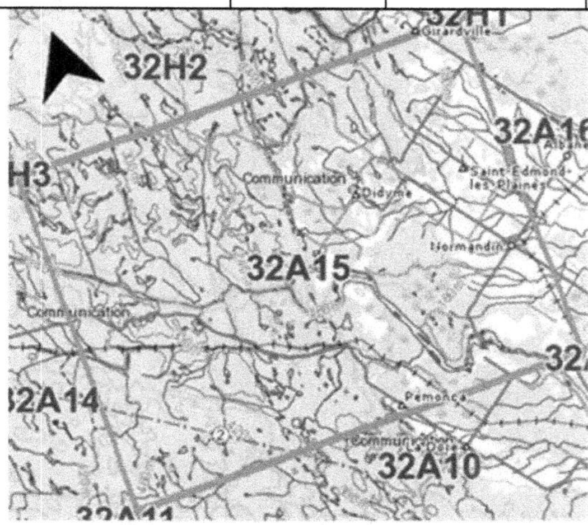

Figure 2 - Carte topographique : secteur 33A/15

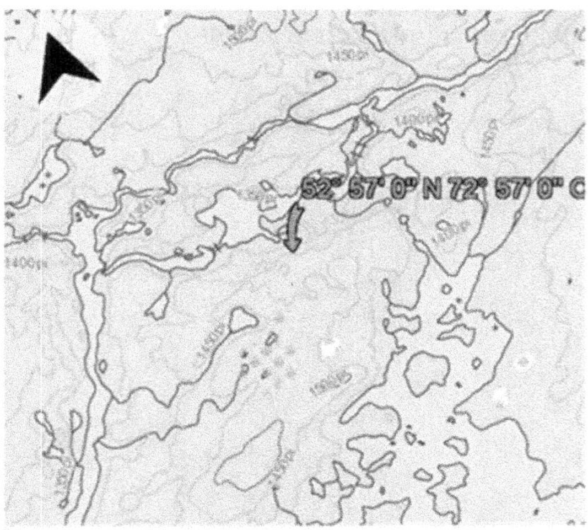

Figure 3 – Carte topographique des coordonnées du toponyme : *La rivière de la passe sablonneuse*

Toponyme	Feuillet	Coordonnées géographiques	
		Latitude	Longitude
Kaawaaschaiyaameskaash Saakahiikan, soit *le lac au sable fin (?)*	23D/04	52° 09'	71° 43'

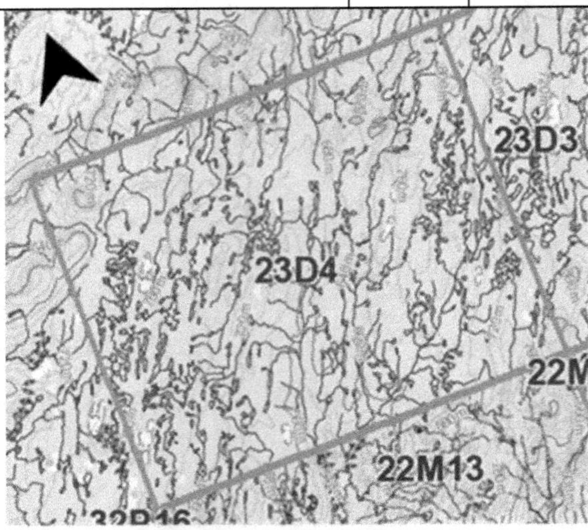

Figure 4 – Carte topographique : secteur 23D/04

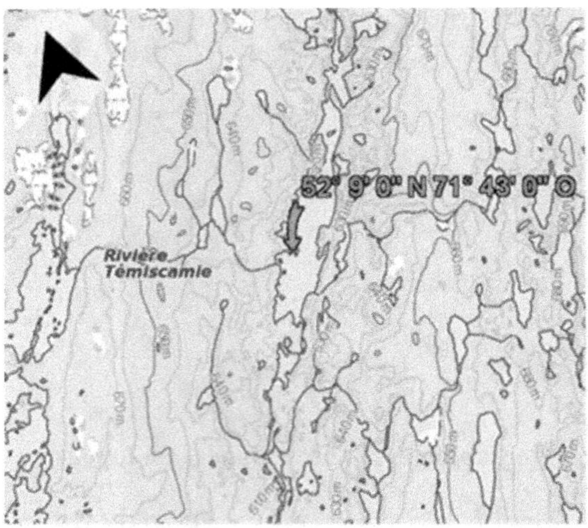

Figure 5 – Carte topographique des coordonnées du toponyme : *Le lac au sable fin (?)*

Toponyme	Feuillet	Coordonnées géographiques	
		Latitude	Longitude
Opémisca, Lac, soit *le lac des rétrécis sablonneux*	23D/12	52° 42'	71° 35'

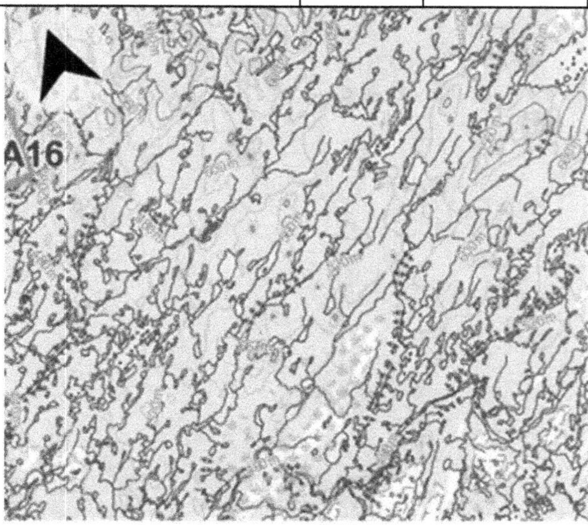

Figure 6 – Carte topographique : secteur 23D/12

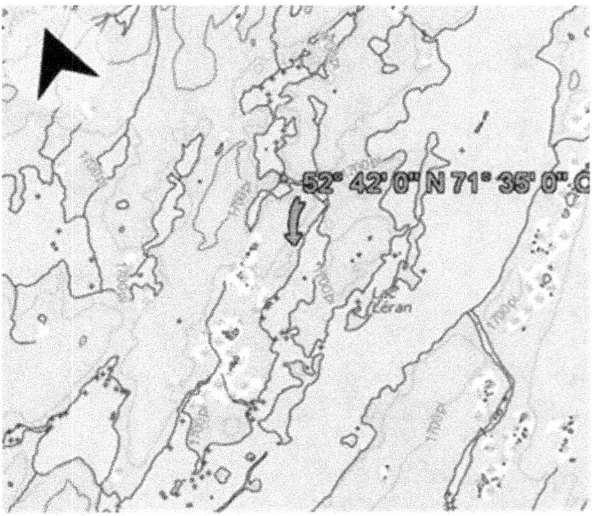

Figure 7 – Carte topographique des coordonnées du toponyme : *Le lac des rétrécis sablonneux*

Toponyme	Feuillet	Coordonnées géographiques	
Opémisca, Lac, soit *le lac des rétrécis sablonneux*	23D/11	Latitude	Longitude
		52° 45'	71° 15'

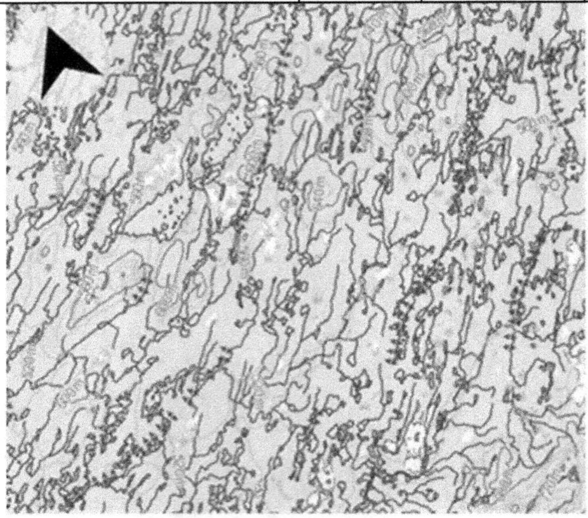

Figure 8 – Carte topographique : secteur 23D/11

Figure 9 – Carte topographique des coordonnées du toponyme : *Le lac des rétrécis sablonneux*

Toponyme	Feuillet	Coordonnées géographiques	
Otish, Monts, soit *la petite montagne*	23D/07	Latitude	Longitude
		52° 18'	70° 37'

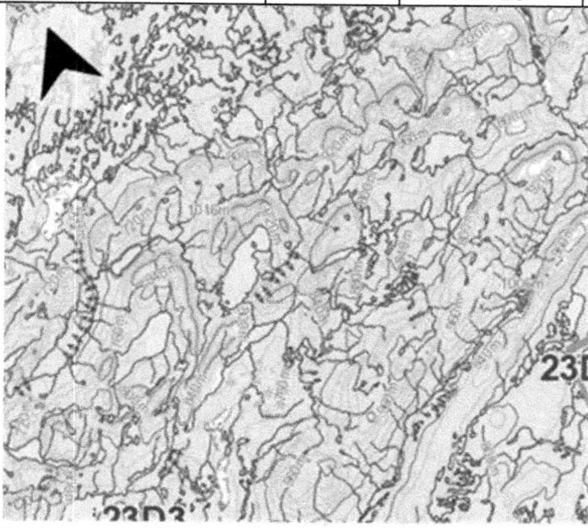

Figure 10 – Carte topographique : secteur 23D/07

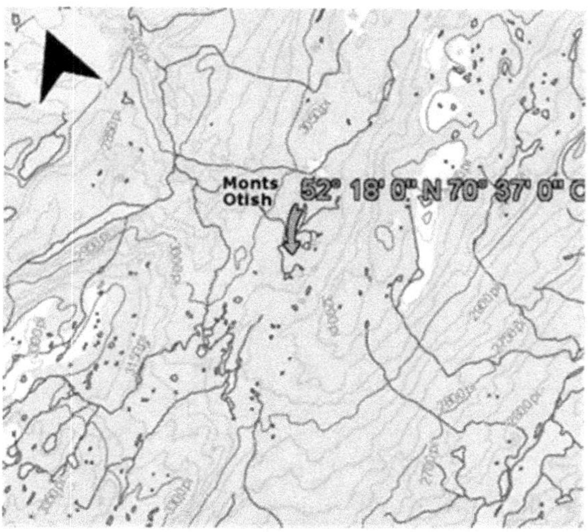

Figure 11 – Carte topographique des coordonnées du toponyme : *La petite montagne*

Toponyme	Feuillet	Coordonnées géographiques	
		Latitude	Longitude
Otish, Monts, soit *la petite montagne*	23D/032	52° 10'	71° 20'

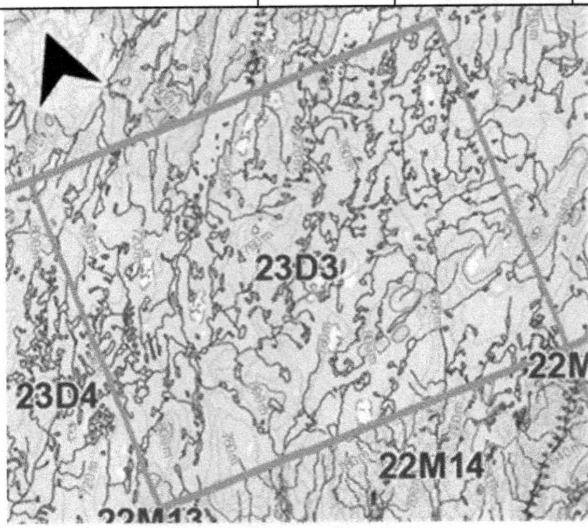

Figure 12 – Carte topographique : secteur 23D/03

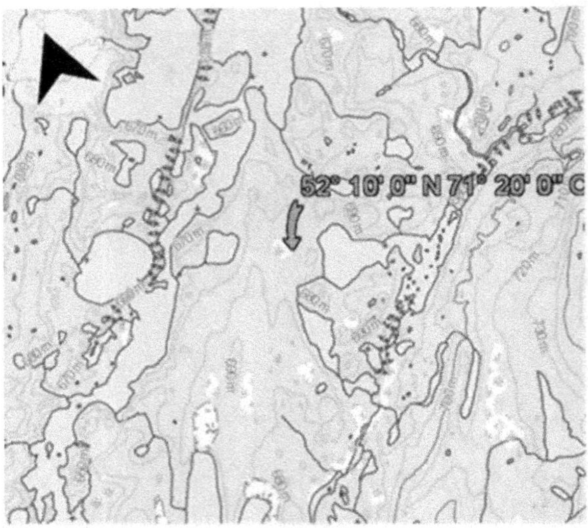

Figure 13 – Carte topographique des coordonnées du toponyme : *La petite montagne*

Toponyme	Feuillet	Coordonnées géographiques	
		Latitude	Longitude
Cawatstacau ou Kowatstakau Rivière, soit *la rivière au sable blanc*	32P/13	51° 58' 47"	73° 35' 09"

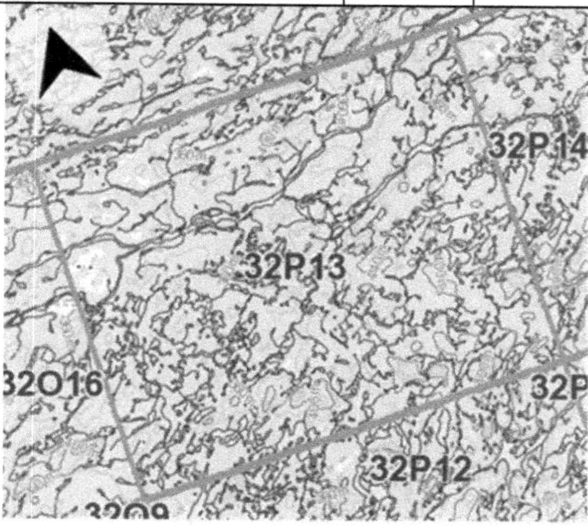

Figure 14 – Carte topographique : secteur 32P/13

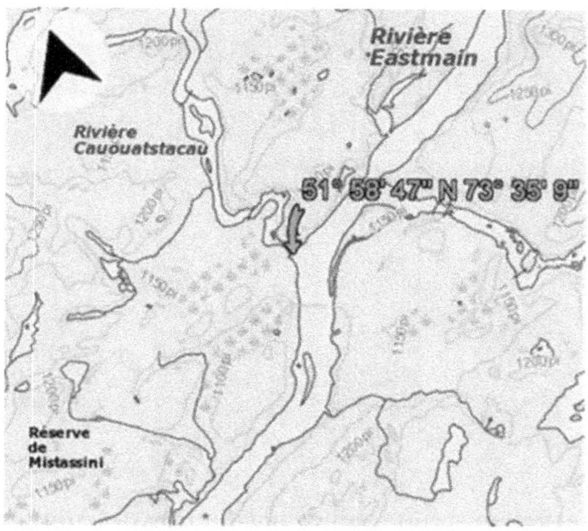

Figure 15 – Carte topographique des coordonnées du toponyme : *La rivière au sable blanc*

Toponyme	Feuillet	Coordonnées géographiques	
Great Lake Mistassini, une dénomination crie signifiant « *le lac aux gros rochers* »	32P/04	Latitude	Longitude
		51° 00'	73° 37'

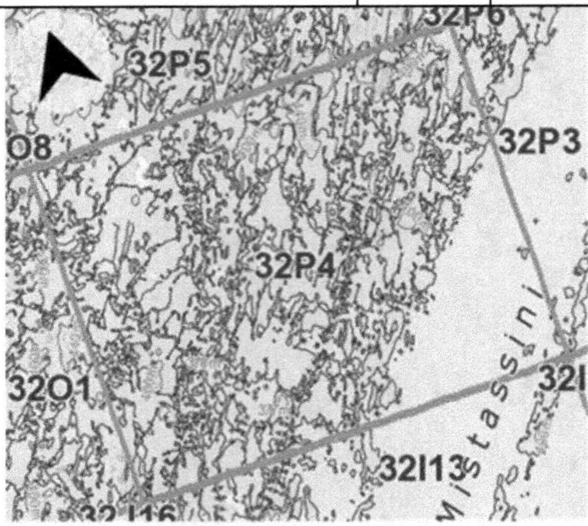

Figure 16 – Carte topographique : secteur 32P/04

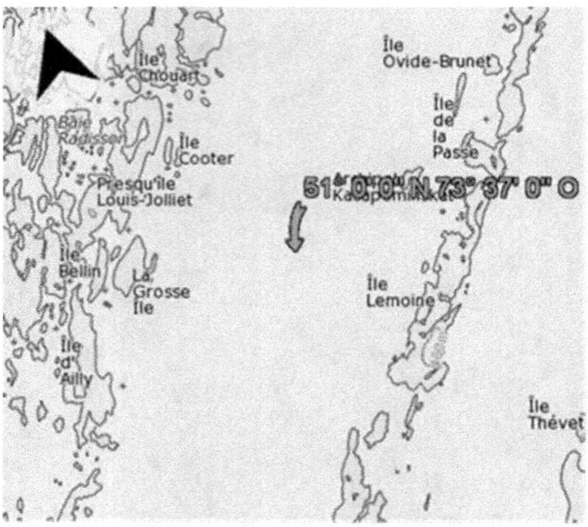

Figure 17 – Carte topographique des coordonnées du toponyme : *Le lac aux gros rochers*
(Échelle au 1/150 000 à cause des plans d'eaux qui ne permettaient pas la visibilité des coordonnées topographiques)

Toponyme	Feuillet	Coordonnées géographiques	
		Latitude	Longitude
Mistassini, Pointe de, le nom cri signifie « *les gros rochers* »	32P/03	51° 08'	73° 08'

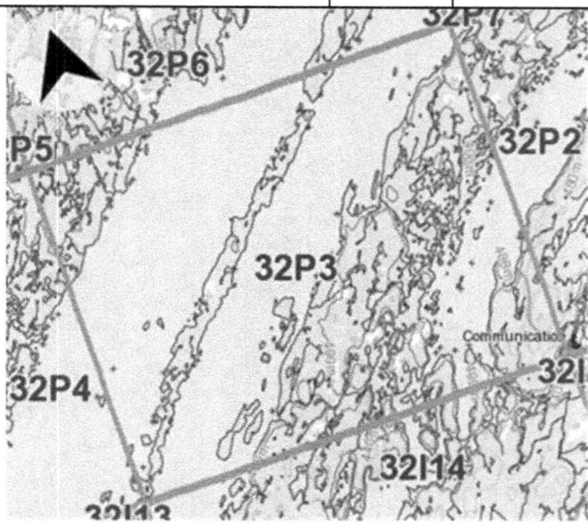

Figure 18 – Carte topographique : secteur 32P/0

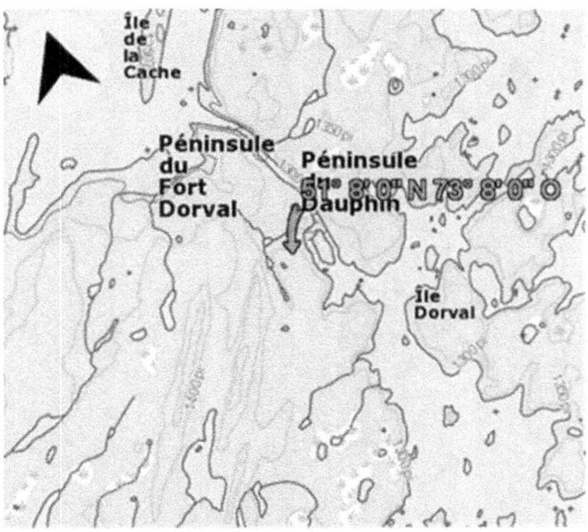

Figure 19 – Carte topographique des coordonnées du toponyme : *Les gros rochers*

Toponyme	Feuillet	Coordonnées géographiques	
		Latitude	Longitude
Mistassini, Réserve de, soit réserve de chasse et de pêche dont le nom cri signifie « *les gros rochers* »	32P/06	51° 30'	73° 15'

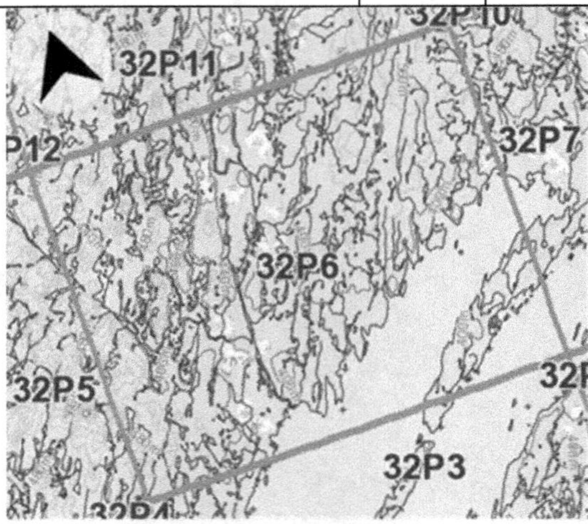

Figure 20 – Carte topographique : secteur 32P/06

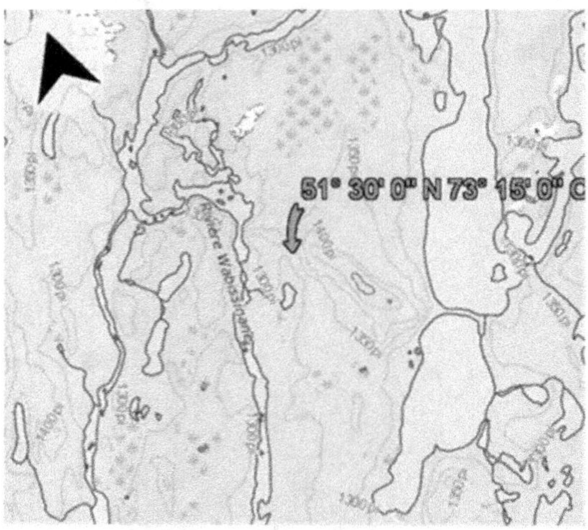

Figure 21 – Carte topographique des coordonnées du toponyme : *Les gros rochers*

Toponyme	Feuillet	**Coordonnées géographiques**	
		Latitude	Longitude
Mistassini-1, soit le camp dont la partie crie du nom signifie « *les gros rochers* »	32P/04	51° 05'	73° 53'

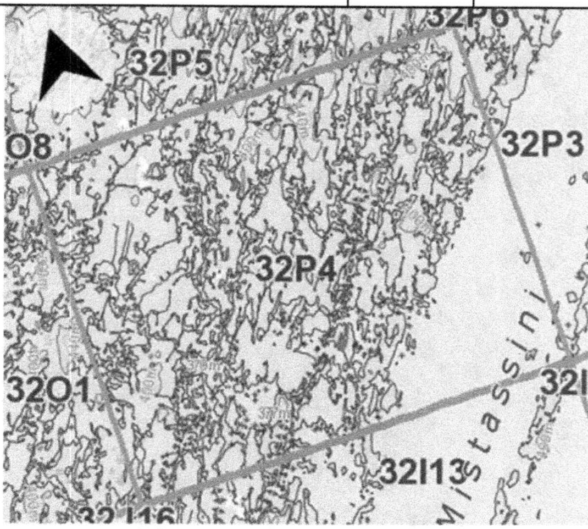

Figure 22 – Carte topographique : secteur 32P/04

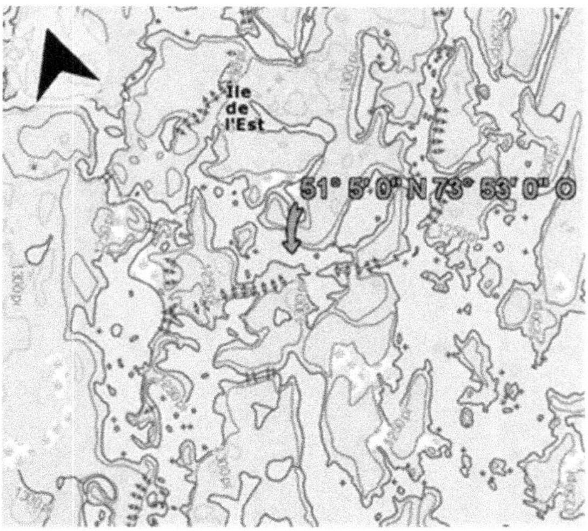

Figure 23 – Carte topographique des coordonnées du toponyme : *Les gros rochers*

Toponyme	Feuillet	Coordonnées géographiques	
Mistassini-10, soit le camp dont la partie crie du nom signifie « *les gros rochers* »	32P/04	Latitude	Longitude
		51° 08'	73° 46'

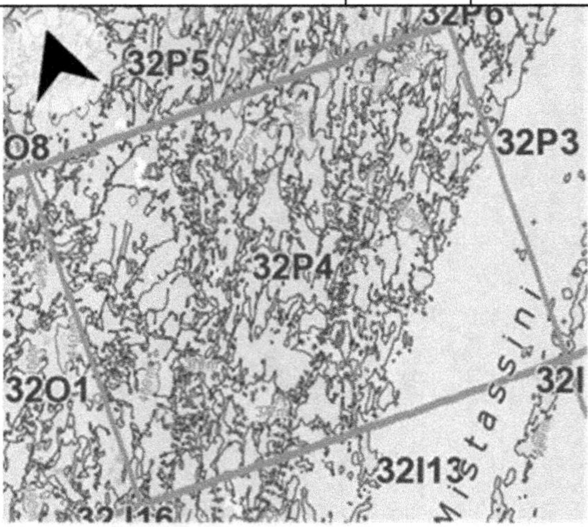

Figure 24 – Carte topographique : secteur 32P/04

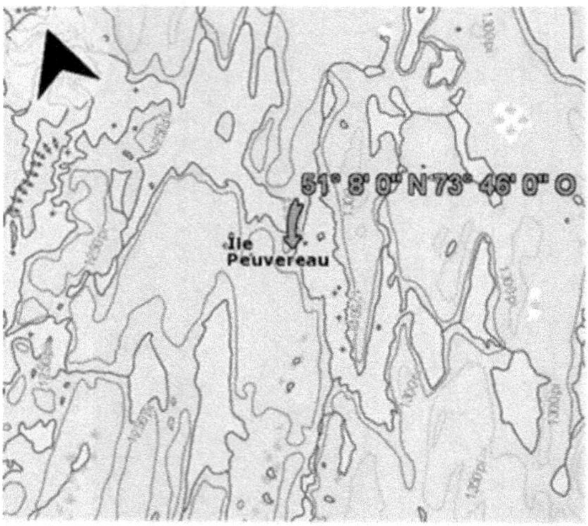

Figure 25 – Carte topographique des coordonnées du toponyme : *Les gros rochers*

Toponyme	Feuillet	Coordonnées géographiques	
Mistassini-12, soit le camp dont la partie crie du nom signifie « *les gros rochers* »	32P/04	Latitude	Longitude
		51° 06'	74° 00'

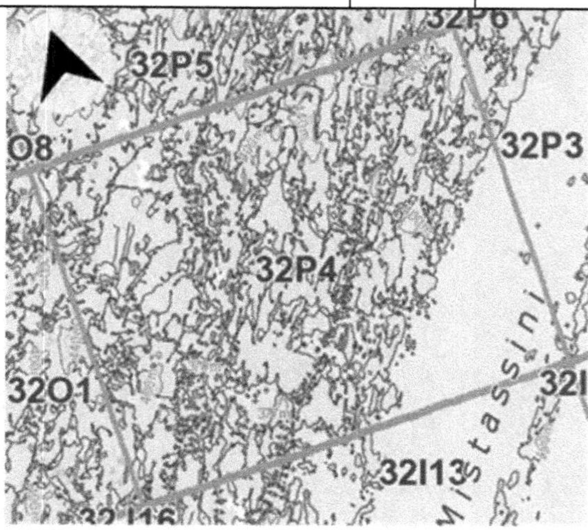

Figure 26 – Carte topographique : secteur 32P/04

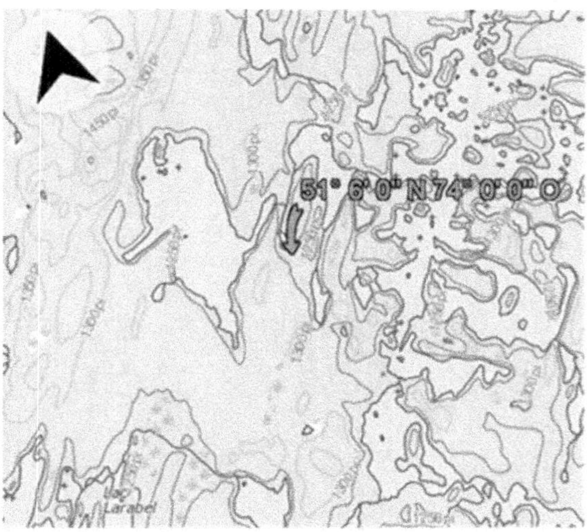

Figure 27 – Carte topographique des coordonnées du toponyme : *Les gros rochers*

Toponyme	Feuillet	Coordonnées géographiques	
Wachimiscau, Péninsule, soit *la pointe sablonneuse*	32P/06	Latitude	Longitude
		51° 17'	73° 04'

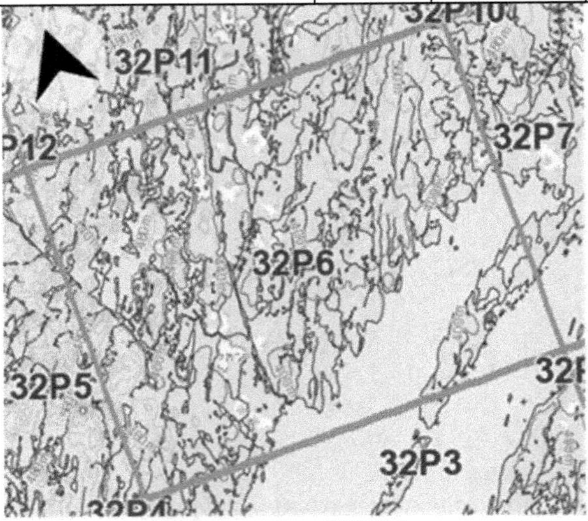

Figure 28 – Carte topographique : secteur 32P/06

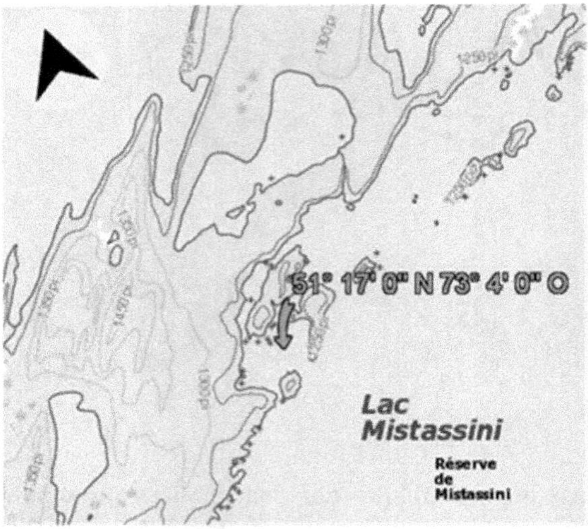

Figure 29 – Carte topographique des coordonnées du toponyme : *La pointe sablonneuse*

Occurrences toponymiques avec l'unité lexicale « strates »

Deux occurrences

Toponyme	Feuillet	Coordonnées géographiques	
		Latitude	Longitude
Akapitayapiskach, Anse soit *la baie des rochers en strates*	33D/10 Pas d'information	52° 34'	78° 44'

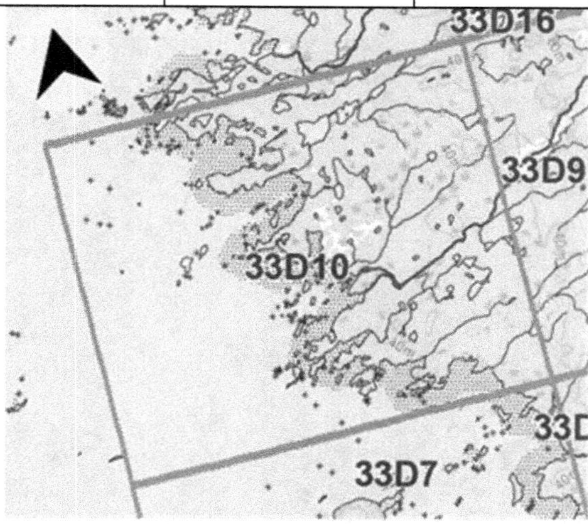

Figure 1 — Carte topographique : secteur 33D/10

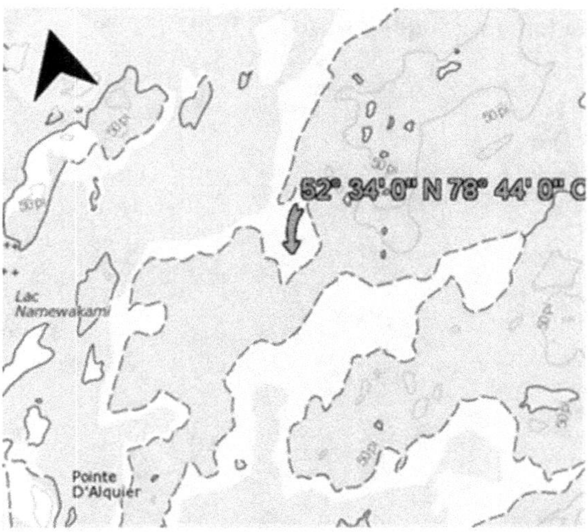

Figure 2 — Carte topographique des coordonnées du toponyme : *La baie des rochers en strates*

Toponyme	Feuillet	Coordonnées géographiques	
		Latitude	Longitude
Akipitayapiskach, Falaise soit *la pointe des rochers en strates*	33E/02 Pas d'information	53° 01'	78° 59'

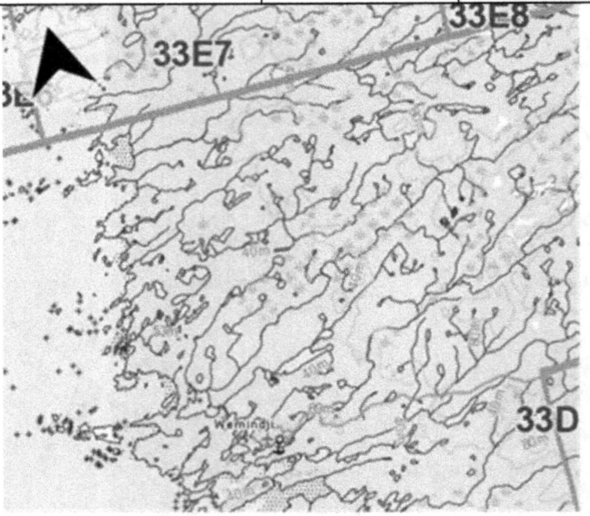

Figure 3 — Carte topographique : secteur 33E/02

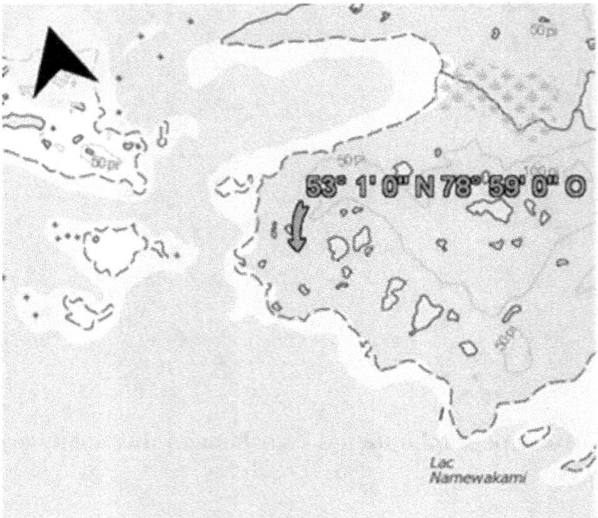

Figure 4 — Carte topographique des coordonnées du toponyme : *La pointe des rochers en strates*

Occurrences toponymiques avec l'unité lexicale « rouge » et les termes associés

Quatorze occurrences

Toponyme	Feuillet	Coordonnées géographiques	
		Latitude	Longitude
Amikukiwasich, Lac soit *le lac rouge*	33L/08 Interdit à l'exploration	54° 17'	78° 06'

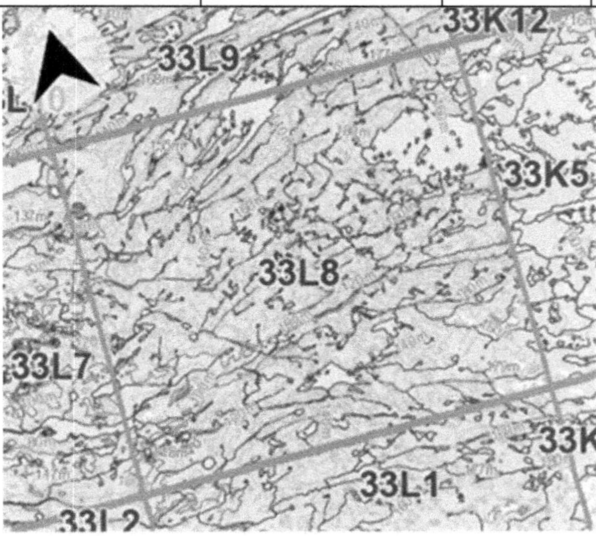

Figure 5 — Carte topographique : secteur 33L/08

Figure 6 — Carte topographique des coordonnées du toponyme : *Le lac rouge*

Toponyme	Feuillet	Coordonnées géographiques	
		Latitude	Longitude
Amimakwausakach, Falaise soit *la falaise aux rochers rouges*	33O/04 Exploration permise sous conditions	55° 02'	75° 38'

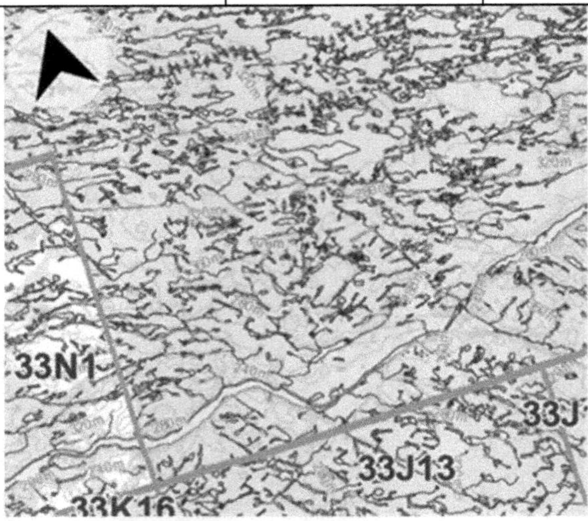

Figure 7 — Carte topographique : secteur 33O/04

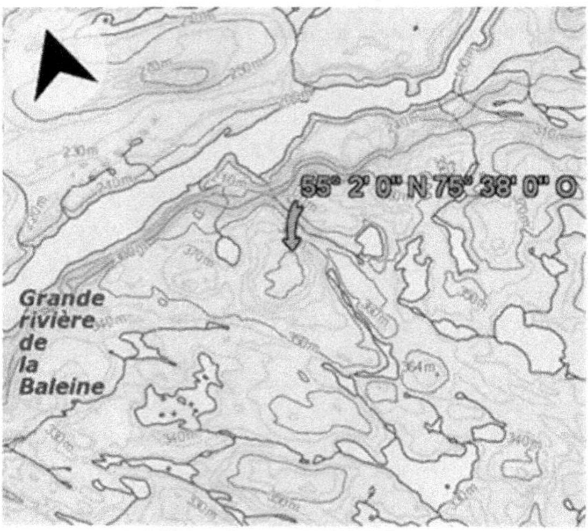

Figure 8 — Carte topographique des coordonnées du toponyme : *La falaise aux rochers rouges*

Toponyme	Feuillet	Coordonnées géographiques	
		Latitude	Longitude
Kamihkusakaw, Lac soit *le lac aux rochers rouges*	33K/05 Interdit à l'exploration	54° 25'	77° 38'

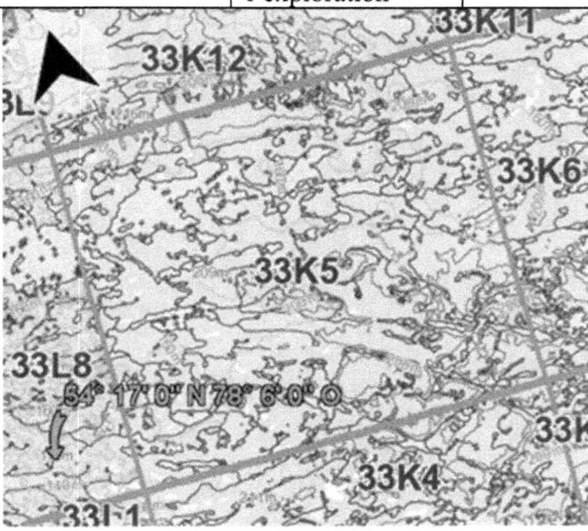

Figure 9 — Carte topographique : secteur 33K/05

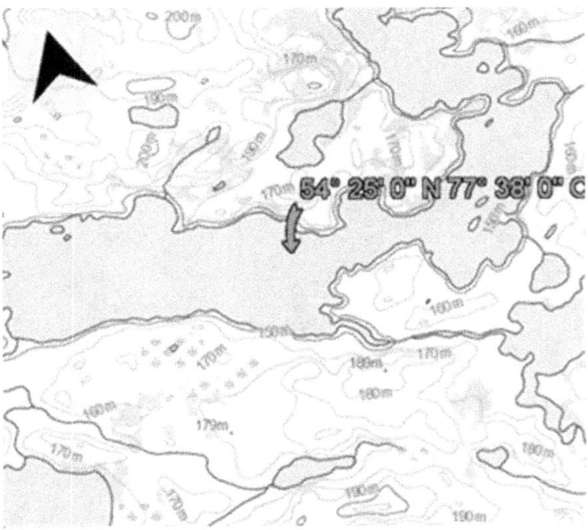

Figure 10 — Carte topographique des coordonnées du toponyme : *Le lac aux rochers rouges*

Toponyme	Feuillet	Coordonnées géographiques	
		Latitude	Longitude
Kamikuwach Uministikumawaw soit *l'île des caps rouges*	33L/12 Pas d'information	54° 37'	79° 43'

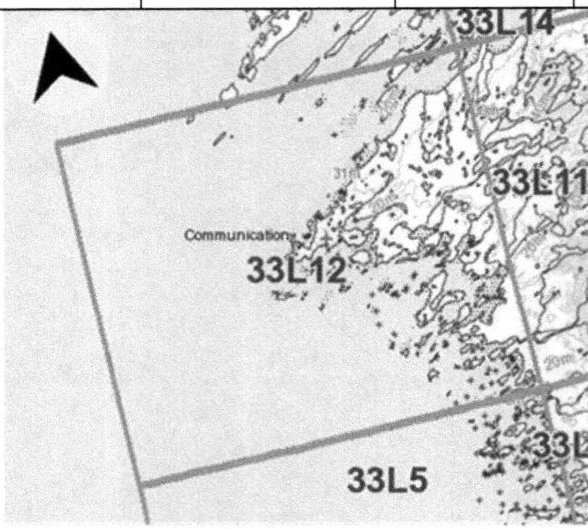

Figure 11 — Carte topographique : secteur 33L12

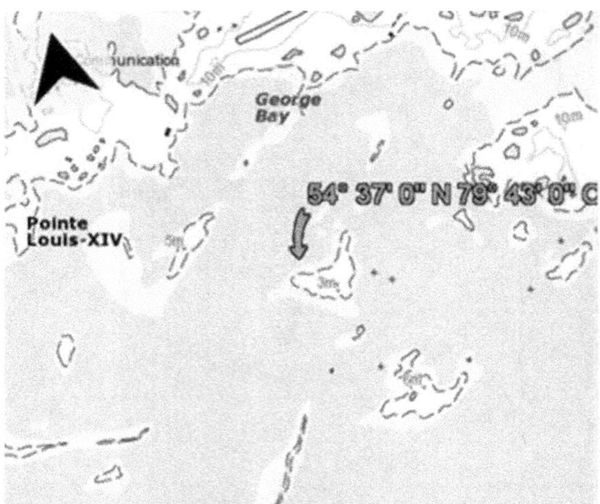

Figure 12 — Carte topographique des coordonnées du toponyme : *L'île des caps rouges*

Toponyme	Feuillet	Coordonnées géographiques	
		Latitude	Longitude
Kamikwakamach soit *le lac aux eaux rouge*	32N/06 Quelques zones interdites	51° 21'	77° 11'

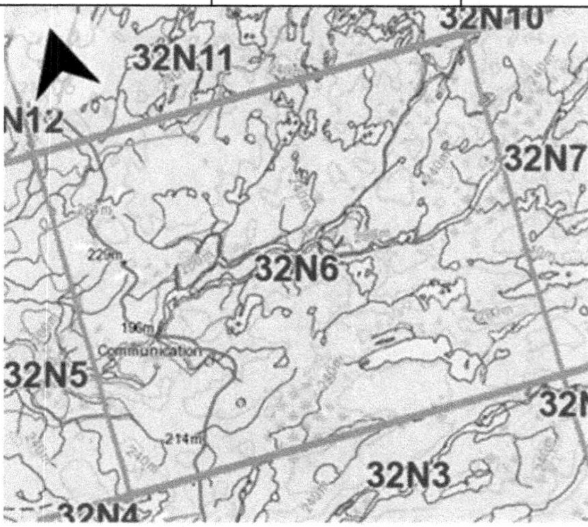

Figure 13 — Carte topographique : secteur 32N06

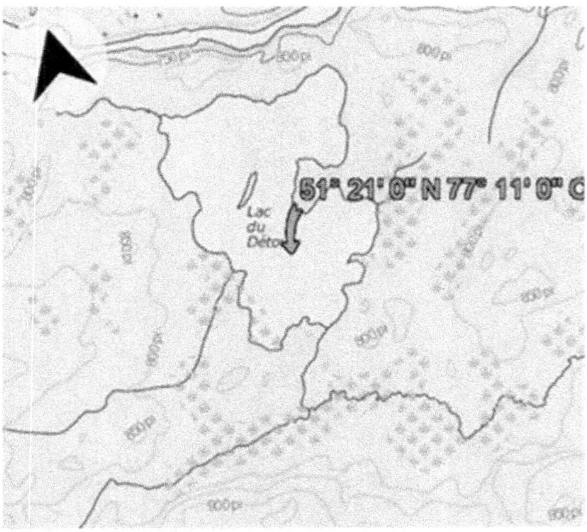

Figure 14 — Carte topographique des coordonnées du toponyme : ***Le lac aux eaux rouges***

Toponyme	Feuillet	Coordonnées géographiques	
		Latitude	Longitude
Kamikwakwasich, Lac soit *le lac... rouge*	33K/13 Exploration permise sous conditions sauf une toute petite zone interdite au sud	54° 49'	77° 38'

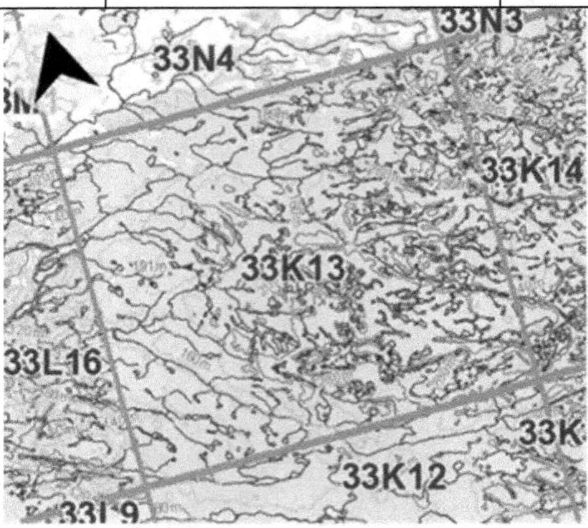

Figure 15 — Carte topographique : secteur 33K/13

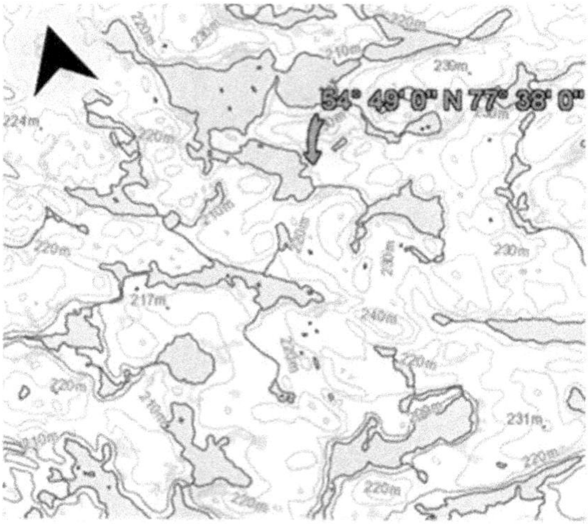

Figure 16 — Carte topographique des coordonnées du toponyme : *Le lac... rouge*

Toponyme	Feuillet	Coordonnées géographiques	
		Latitude	Longitude
Kamikwapiskach, Ruisseau soit *le ruisseau aux rochers rouges*	33N/05 Zone permise ainsi qu'une zone d'explorations sous conditions	55° 24'	77° 33'

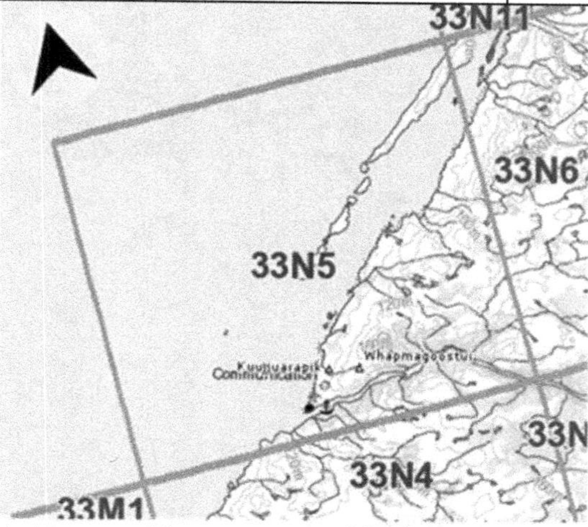

Figure 17 — Carte topographique : secteur 33N/05

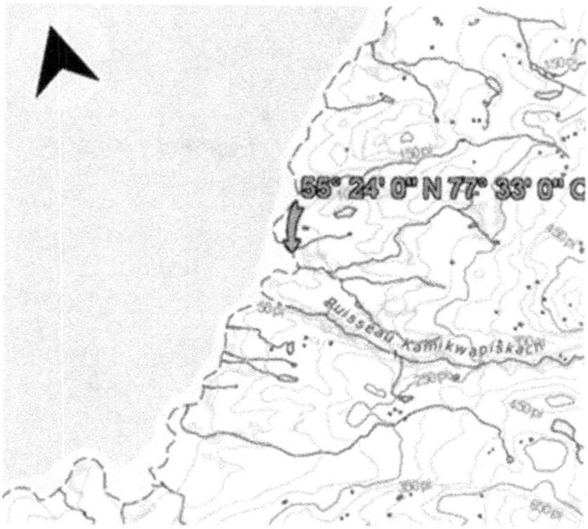

Figure 18 — Carte topographique des coordonnées du toponyme : *Le ruisseau aux rochers rouges*

Toponyme	Feuillet	Coordonnées géographiques	
		Latitude	Longitude
Kamikwapuschikaw, Lac soit *le lac à la boue rouge*	33C/12 Zone permise sauf une petite zone interdite au nord	52° 30'	77° 35'

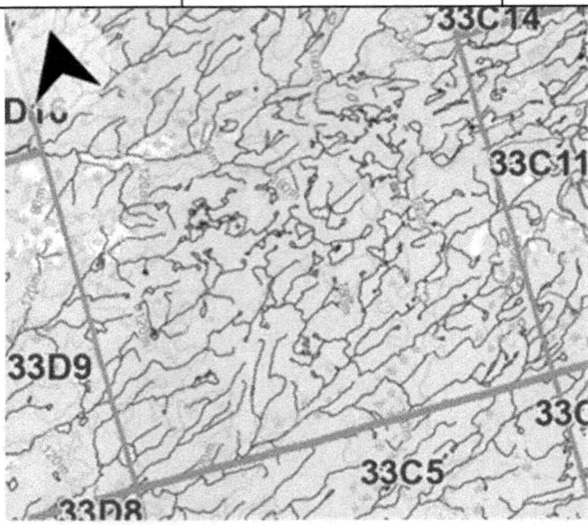

Figure 19 — Carte topographique : secteur 33C/12

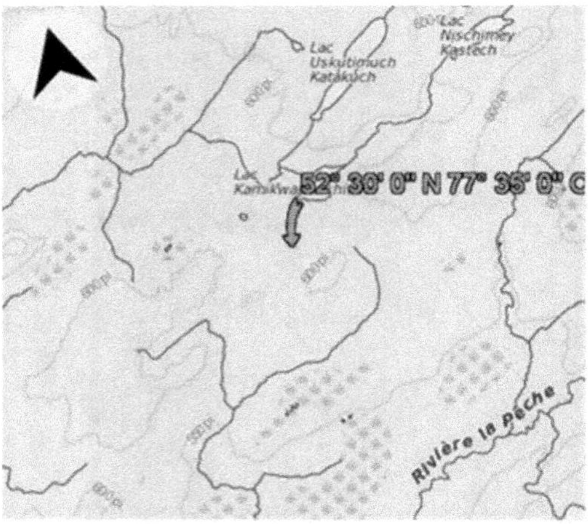

Figure 20 — Carte topographique des coordonnées du toponyme : *Le lac à la boue rouge*

Toponyme	Feuillet	Coordonnées géographiques	
		Latitude	Longitude
Kamikwasisakaw, Ruisseau soit *le ruisseau aux rochers rouges*	33F/02 Zone permise et zone d'exploration permise sous conditions	53° 04'	76° 52'

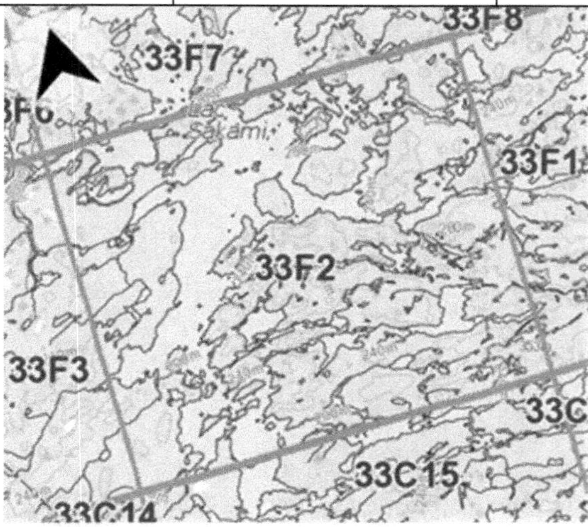

Figure 21 — Carte topographique : secteur 33F/02

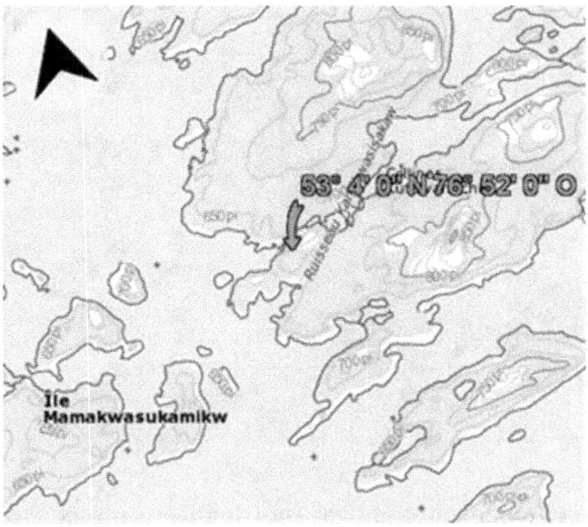

Figure 22 — Carte topographique des coordonnées du toponyme : *Le ruisseau aux rochers rouges*

Toponyme	Feuillet	Coordonnées géographiques	
		Latitude	Longitude
Wimin soit *l'endroit où il y a du vermillon (peinture)*	33N/06 Zone permise	55° 27'	77° 28'

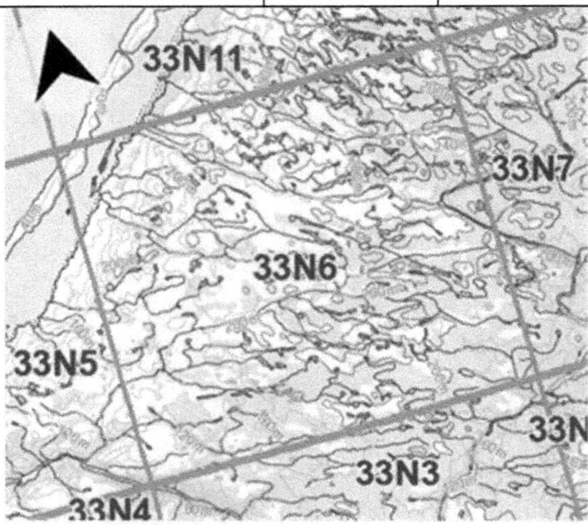

Figure 23 — Carte topographique : secteur 33N/06

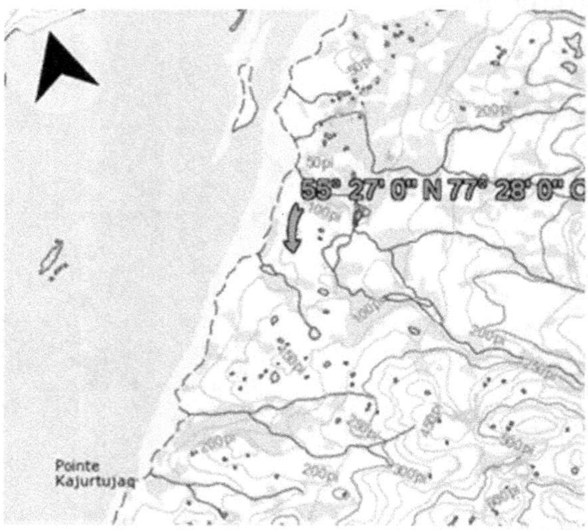

Figure 24 — Carte topographique des coordonnées du toponyme : *L'endroit où il y a du vermillon (peinture)*

Toponyme	Feuillet	Coordonnées géographiques	
		Latitude	Longitude
Wimin Atat Sipis soit *la rivière où on trouve du vermillon (peinture)*	33N/06 Zone permise	55° 27' 29"	77° 27' 40"

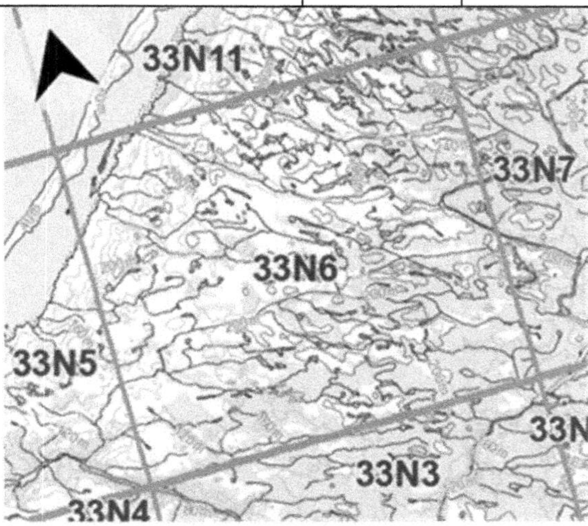

Figure 25 — Carte topographique : secteur 33N/06

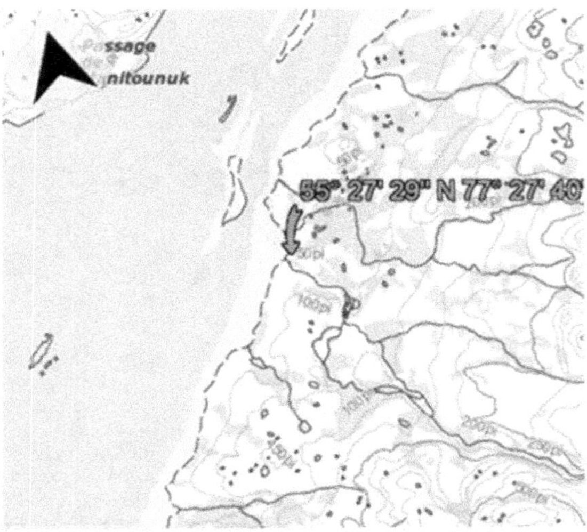

Figure 26 — Carte topographique des coordonnées du toponyme : *La rivière où on trouve du vermillon (peinture)*

Toponyme	Feuillet	Coordonnées géographiques	
		Latitude	Longitude
Wiminchi, Colline soit *la colline du vermillon*	32K/13 Zone permise	50° 56'	77° 53'

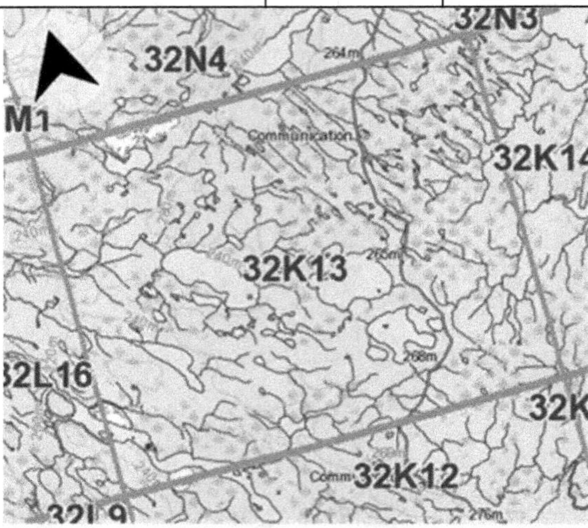

Figure 27 — Carte topographique : secteur 32K/13

Figure 28 — Carte topographique des coordonnées du toponyme : *La colline du vermillon*

Toponyme	Feuillet	Coordonnées géographiques	
		Latitude	Longitude
Wiminuchi Sakahikan soit *le lac de la montagne du vermillon*	32K/13 Zone permise	50° 53'	77° 50'

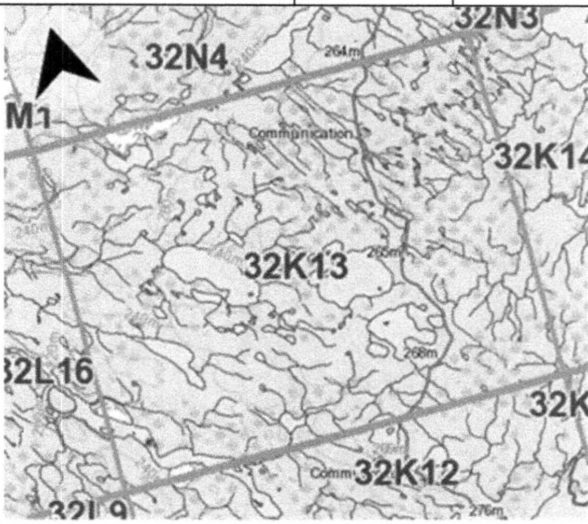

Figure 29 — Carte topographique : secteur 32K/13

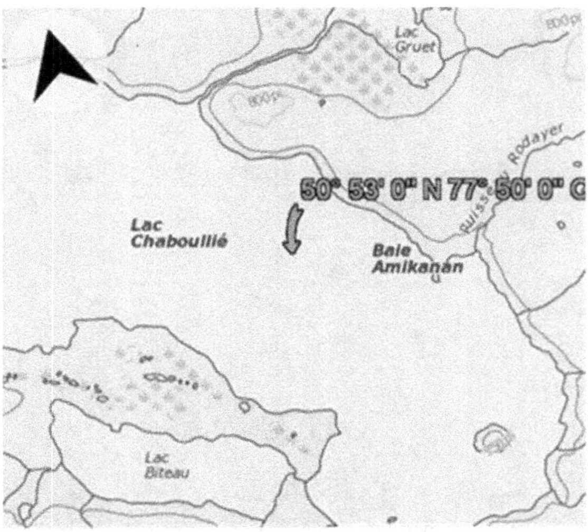

Figure 30 — Carte topographique des coordonnées du toponyme : *Le lac de la montagne du vermillon*

Toponyme	Feuillet	Coordonnées géographiques	
		Latitude	Longitude
Wiminuchistikw, Ruisseau soit *le ruisseau de la montagne du vermillon*	33F/02 Zone permise et zone d'exploration permise sous conditions	53° 10'	76° 57'

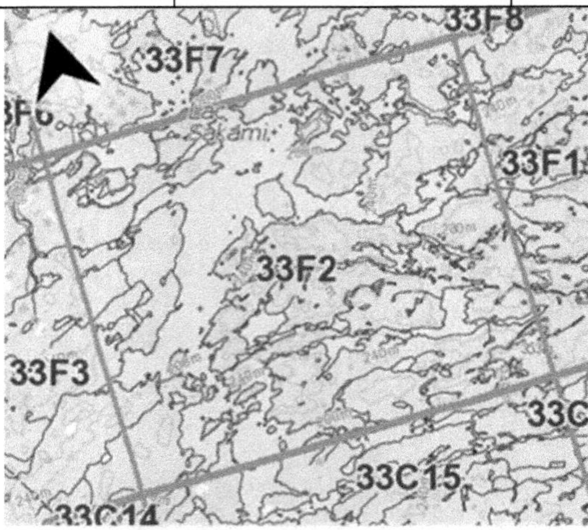

Figure 31 — Carte topographique : secteur 33F/02

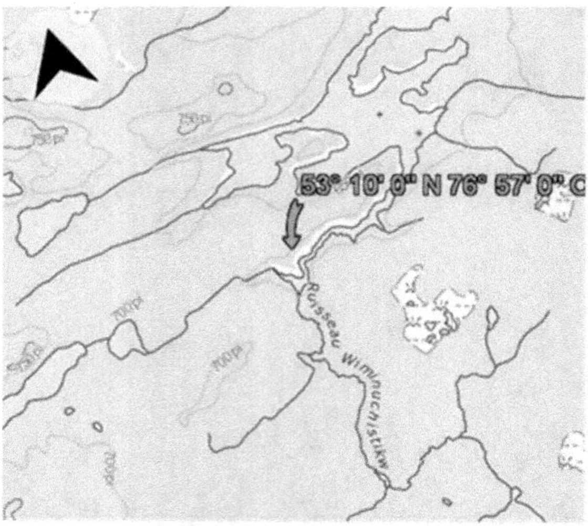

Figure 32 — Carte topographique des coordonnées du toponyme : *Le ruisseau de la montagne du vermillon*

Occurrences toponymiques avec l'unité lexicale « jaune » et les termes associés

Onze occurrences

Toponyme	Feuillet	Coordonnées géographiques	
		Latitude	Longitude
Ausaukwanuch, Lac soit *le lac où on voit un reflet jaune*	33C/12 Zone permise avec une zone interdite située au nord	52° 37'	77° 47'

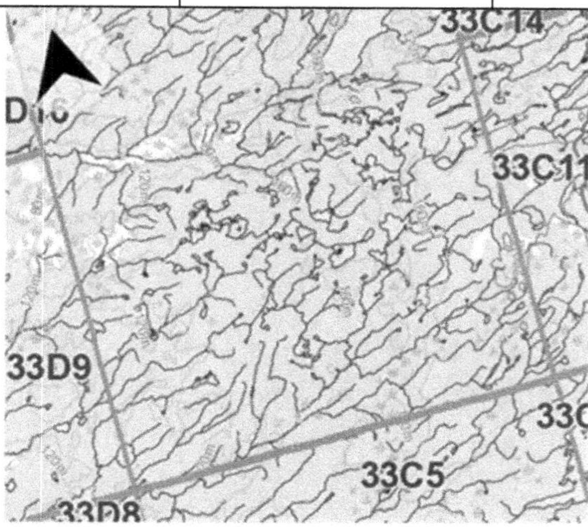

Figure 33 — Carte topographique : secteur 33C/12

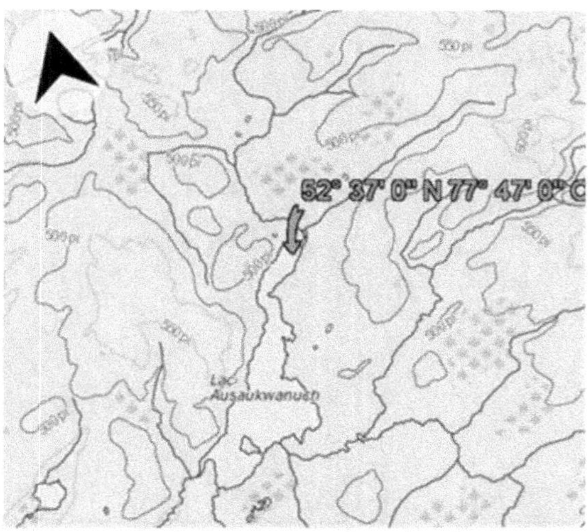

Figure 34 — Carte topographique des coordonnées du toponyme : *Le lac où on voit un reflet jaune*

Toponyme	Feuillet	Coordonnées géographiques	
		Latitude	Longitude
Miyachisachistuwach, Lac soit *la dernière charge du lac à l'eau jaune*	32K/12 Pas d'information	50° 33'	77° 54'

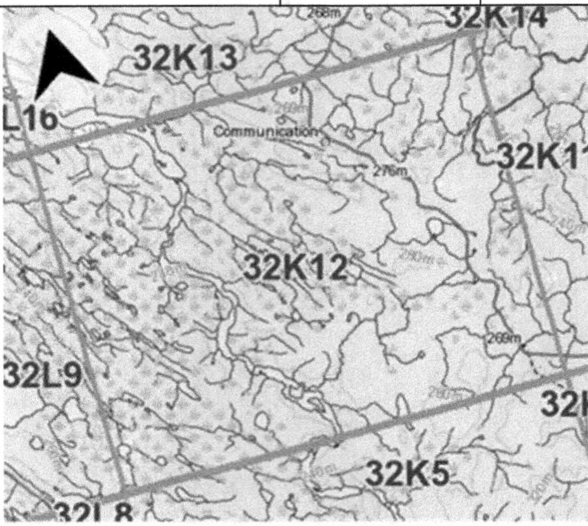

Figure 35 — Carte topographique : secteur 32K/12

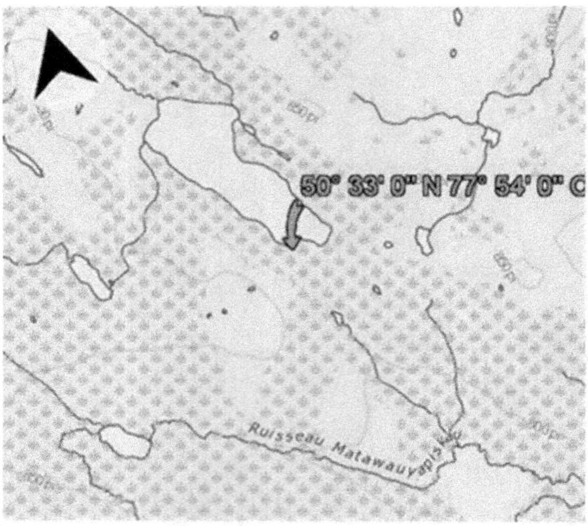

Figure 36 — Carte topographique des coordonnées du toponyme : *La dernière charge du lac à l'eau jaune*

Toponyme	Feuillet	Coordonnées géographiques	
		Latitude	Longitude
Miyachisachistuwach, Lac soit *la dernière charge du lac à l'eau jaune*	32K/13 Zone permise	50° 59'	77° 51'

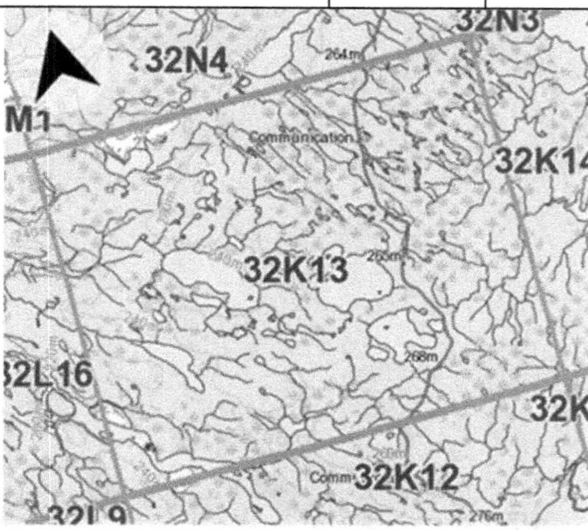

Figure 37 — Carte topographique : secteur 32K/13

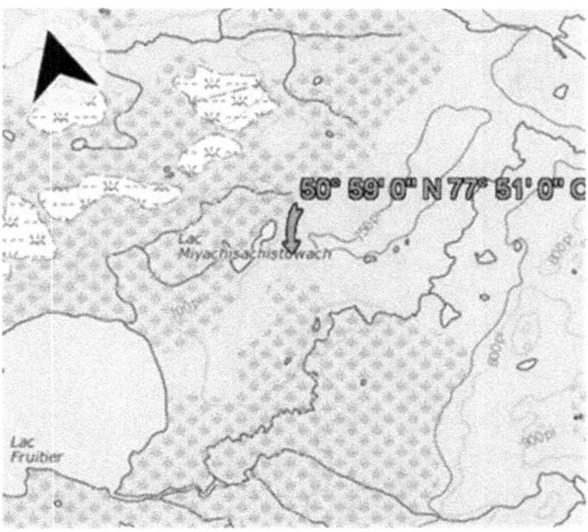

Figure 38 — Carte topographique des coordonnées du toponyme : *La dernière charge du lac à l'eau jaune*

Toponyme	Feuillet	Coordonnées géographiques	
		Latitude	Longitude
Usawakami, Ruisseau soit *le ruisseau aux eaux jaunes*	32N/12 Zone permise sauf une petite zone au sud	51° 41' 10"	77° 44' 05"

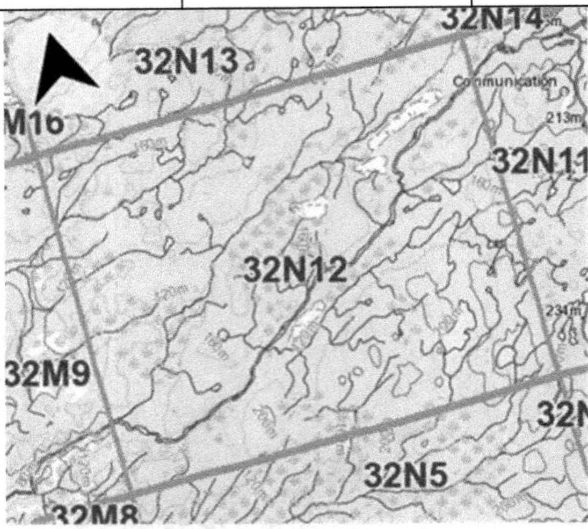

Figure 39 — Carte topographique : secteur 32N/12

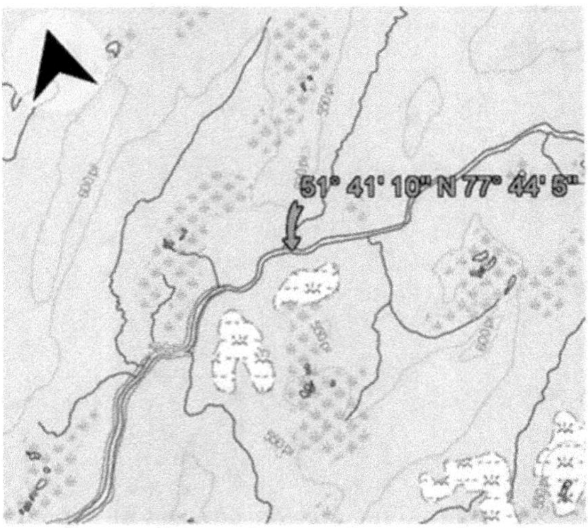

Figure 40 — Carte topographique des coordonnées du toponyme : *Le ruisseau aux eaux jaunes*

Toponyme	Feuillet	Coordonnées géographiques	
		Latitude	Longitude
Usawakami Sakahikan soit *le lac aux eaux jaunes*	32K/13 Zone permise	50° 58'	77° 54'

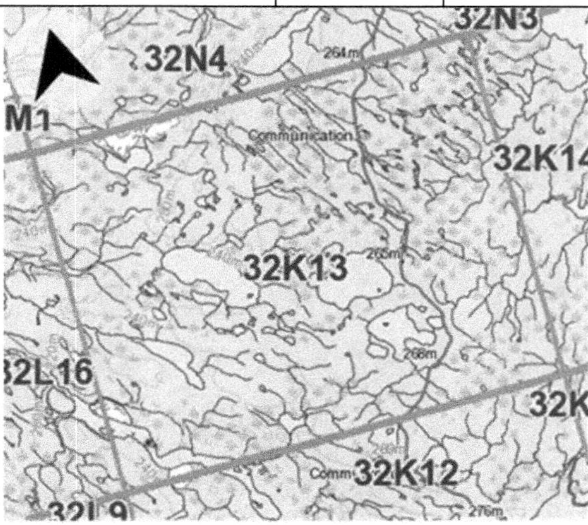

Figure 41 — Carte topographique : secteur 32K/13

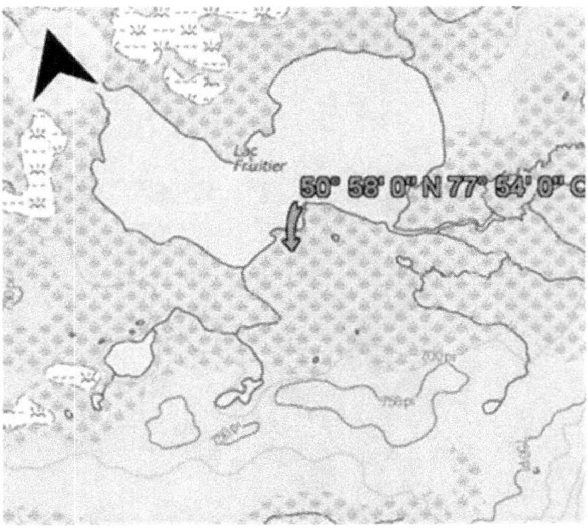

Figure 42 — Carte topographique des coordonnées du toponyme : *Le lac aux eaux jaunes*

Toponyme	Feuillet	Coordonnées géographiques	
		Latitude	Longitude
Usawakamiu, Lac soit *le lac aux eaux jaunes*	32N/04 Pas d'information	51° 01'	77° 46'

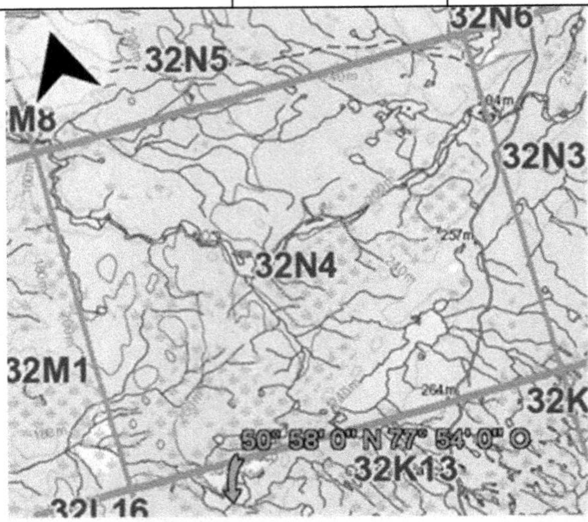

Figure 43 — Carte topographique : secteur 32N/04

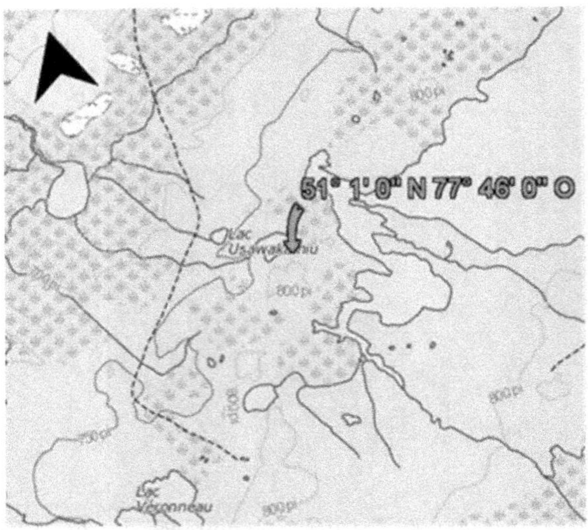

Figure 44 — Carte topographique des coordonnées du toponyme : *Le lac aux eaux jaunes*

Toponyme	Feuillet	Coordonnées géographiques	
		Latitude	Longitude
Usawakamiu, Marais soit *le marais aux eaux jaunes*	32M/07 Pas d'information	51° 17'	78° 31'

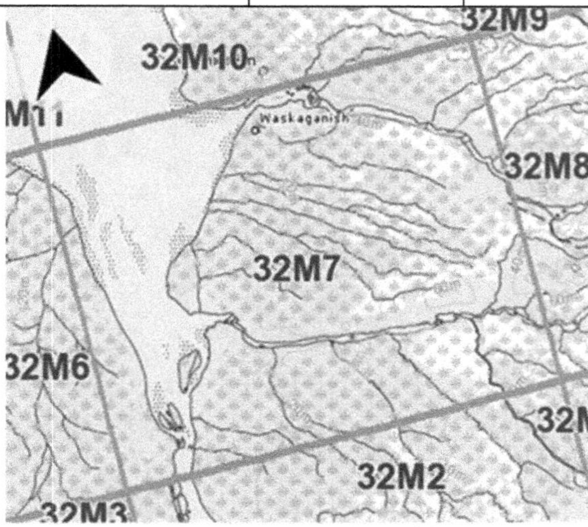

Figure 45 — Carte topographique : secteur 32M/07

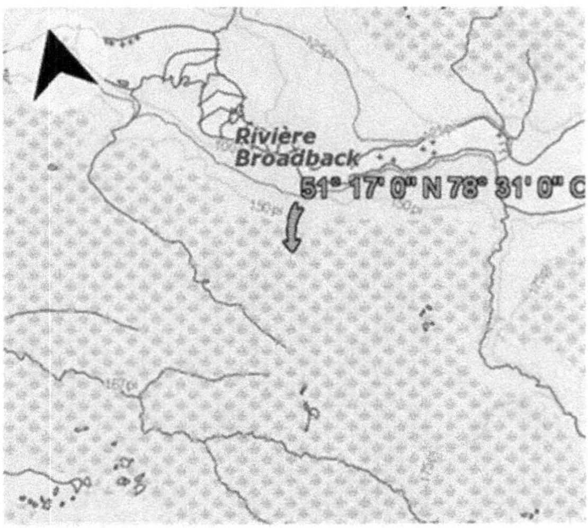

Figure 46 — Carte topographique des coordonnées du toponyme : *Le marais aux eaux jaunes*

Toponyme	Feuillet	Coordonnées géographiques	
		Latitude	Longitude
Usawakamiu, Ruisseau soit *le ruisseau aux eaux jaunes*	32M/07 Pas d'information	51° 17'	78° 35'

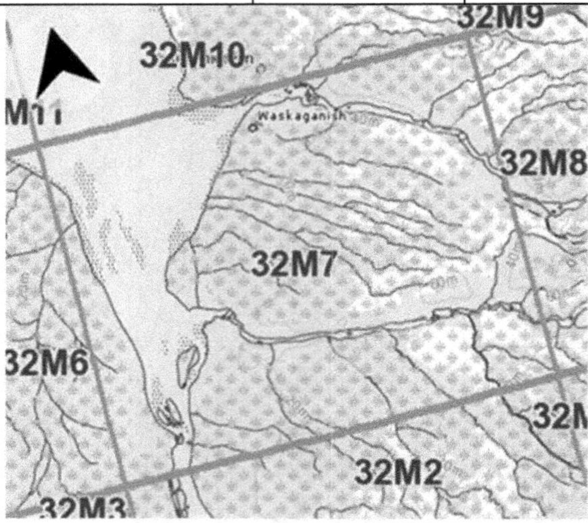

Figure 47 — Carte topographique : secteur 32M/07

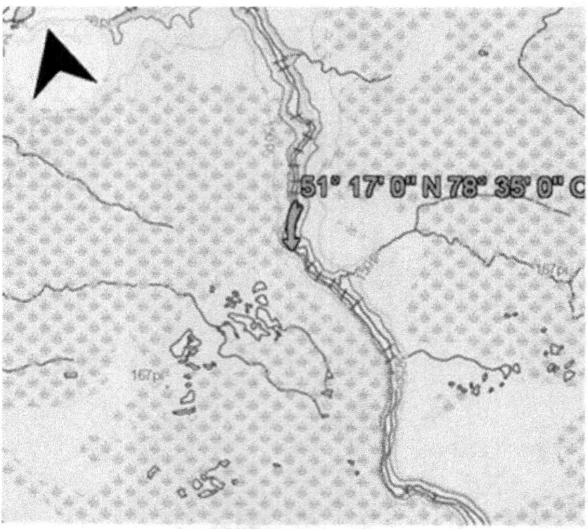

Figure 48 — Carte topographique des coordonnées du toponyme : *Le ruisseau aux eaux jaunes*

Toponyme	Feuillet	Coordonnées géographiques	
		Latitude	Longitude
Usawakamiu soit *la rivière aux eaux jaunes*	32M/07 Pas d'information	51° 18'	78° 35'

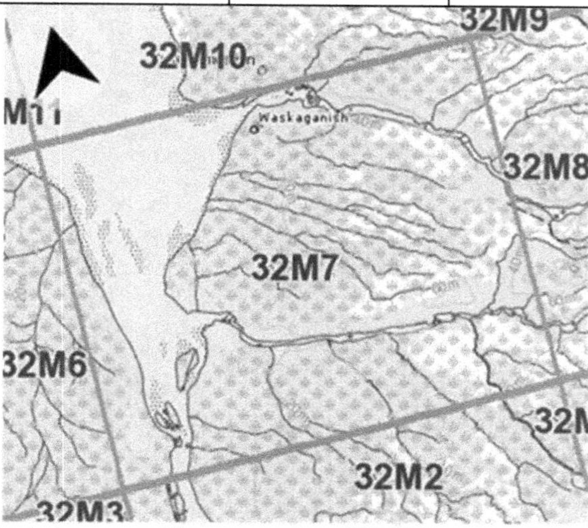

Figure 49 — Carte topographique : secteur 32M/07

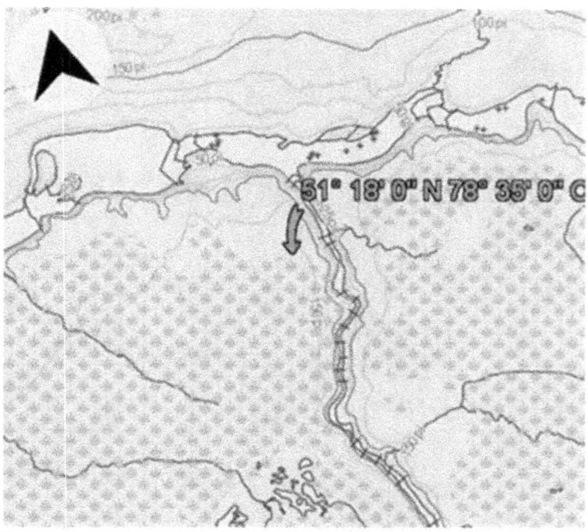

Figure 50 — Carte topographique des coordonnées du toponyme : *La rivière aux eaux jaunes*

Toponyme	Feuillet	Coordonnées géographiques	
		Latitude	Longitude
Auchikapatanuch, Portage soit *le court portage de l'eau ocre (?)*	33N/02 Zone permise	55° 09'	76° 58'

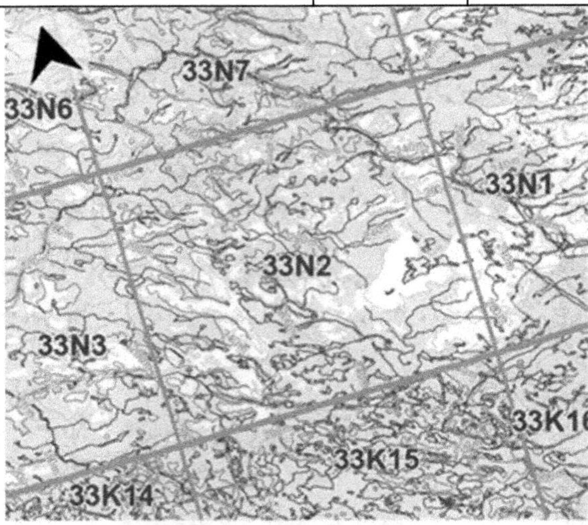

Figure 51 — Carte topographique : secteur 33N/02

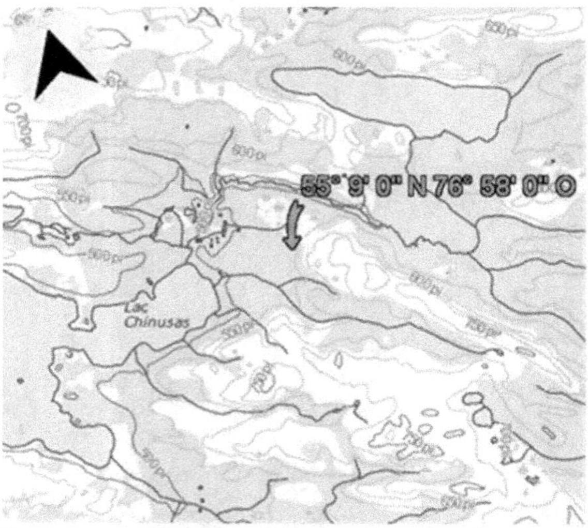

Figure 52 — Carte topographique des coordonnées du toponyme : *Le court portage de l'eau ocre (?)*

Toponyme	Feuillet	Coordonnées géographiques	
		Latitude	Longitude
Auchikapatanuch, Portage soit *le court portage de l'eau ocre (?)*	33N/03 Zone permise avec une petite zone d'exploration permise sous conditions au nord	55° 11'	77° 24'

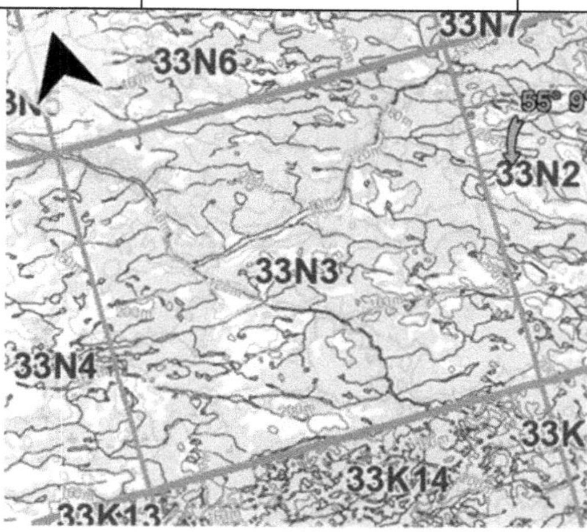

Figure 53 — Carte topographique : secteur 33N/03

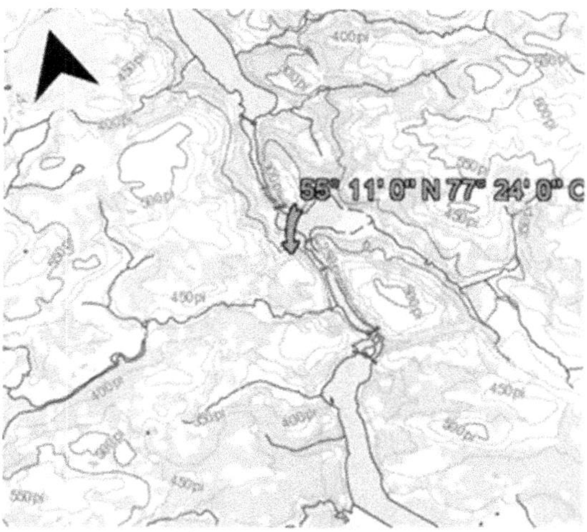

Figure 54 — Carte topographique des coordonnées du toponyme : *Le court portage de l'eau ocre (?)*

Toponymes associés aux feuillets SNRC

Vingt-sept occurrences

Toponyme	Feuillet	Coordonnées géographiques	
Miyachisachistuwach, Lac soit *la dernière charge du lac à l'eau jaune*	32K/12 Pas d'information	Latitude	Longitude
		50° 33'	77° 54'

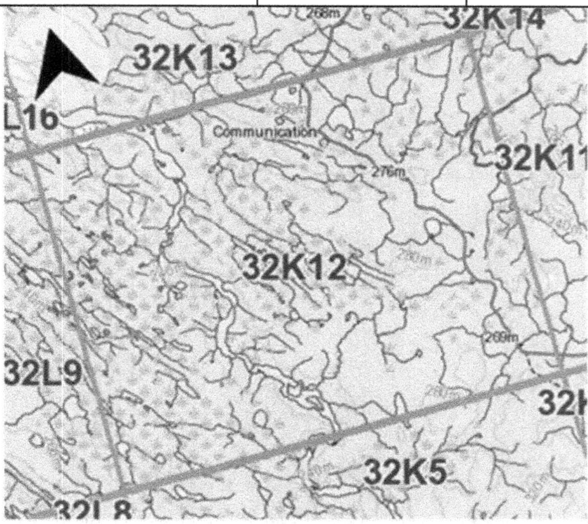

Figure 1 — Carte topographique : secteur 32K/12

Les unités lithologiques associées au secteur 32K/12 sont les suivantes :

14 : Roches granitiques syn- à tarditectoniques : granite, granodiorite, monzonite et syénite ; quantité mineure de diatexite.

9 : Granitoïdes pré- à syntectoniques : gneiss tonalitique et trondhjémitique ; gneiss non subdivisé ; quantité mineure de diorite.

2a : Amphibolite, métabasalte et gneiss mafique.

7 : Roches intrusives mafiques : gabbro, gabbronorite, diorite et complexe de carbonatite ; quantité mineure de roches ultramafiques intrusives et extrusives.

L'occurrence toponymique *La dernière charge du lac à l'eau jaune* est en relation avec l'unité lithologique **9**.

Toponyme	Feuillet	Coordonnées géographiques	
		Latitude	Longitude
Wiminchi, Colline soit *la colline du vermillon*	32K/13 Zone permise	50° 56'	77° 53'

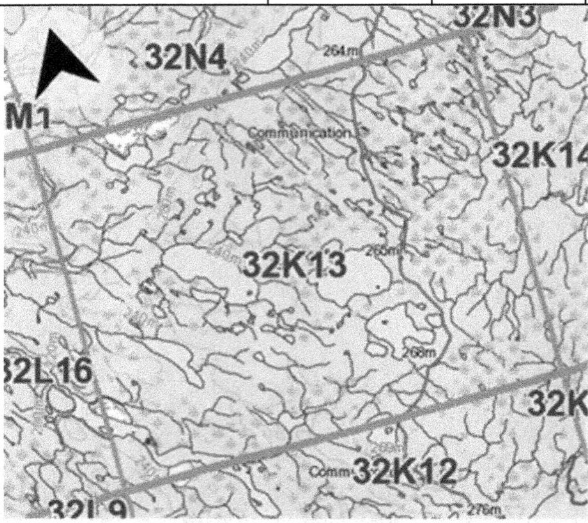

Figure 2 — Carte topographique : secteur 32K/13

9 : Granitoïdes pré- à syntectoniques : gneiss tonalitique et trondhjémitique ; gneiss non subdivisé ; quantité mineure de diorite.

7 : Roches intrusives mafiques : gabbro, gabbronorite, diorite et complexe de carbonatite ; quantité mineure de roches ultramafiques intrusives et extrusives.

2a : Amphibolite, métabasalte et gneiss mafique.

4 : Roches métasédimentaires : paragneiss et schiste à biotite, grenat, orthopyroxène, sillimanite, andalousite, cordiérite, staurotide et/ou disthène ; formation de fer, marbre et granite blanc d'anatexie associé aux roches métasédimentaires ; présence commune de roches intrusives et volcaniques.

L'occurrence toponymique *La colline du vermillon* est en relation avec l'unité lithologique **7**.

Toponyme	Feuillet	Coordonnées géographiques	
Wiminuchi Sakahikan soit *le lac de la montagne du vermillon*	32K/13 Zone permise	Latitude	Longitude
		50° 53'	77° 50'

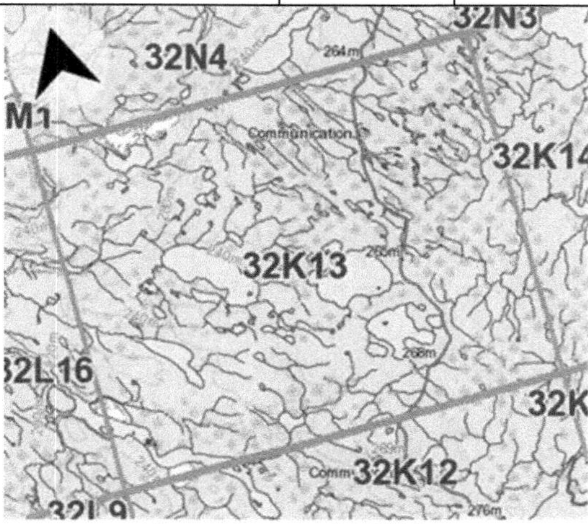

Figure 3 — Carte topographique : secteur 32K/13

Les unités lithologiques associées au secteur 32K/13 sont les suivantes :

9 : Granitoïdes pré- à syntectoniques : gneiss tonalitique et trondhjémitique ; gneiss non subdivisé ; quantité mineure de diorite.

7 : Roches intrusives mafiques : gabbro, gabbronorite, diorite et complexe de carbonatite ; quantité mineure de roches ultramafiques intrusives et extrusives.

2a : Amphibolite, métabasalte et gneiss mafique.

4 : Roches métasédimentaires : paragneiss et schiste à biotite, grenat, orthopyroxène, sillimanite, andalousite, cordiérite, staurotide et/ou disthène ; formation de fer, marbre et granite blanc d'anatexie associé aux roches métasédimentaires ; présence commune de roches intrusives et volcaniques.

L'occurrence toponymique *Le lac de la montagne du vermillon* est est en relation avec l'unité lithologique **7**.

Toponyme	Feuillet	Coordonnées géographiques	
		Latitude	Longitude
Miyachisachistuwach, Lac soit *la dernière charge du lac à l'eau jaune*	32K/13 Zone permise	50° 59'	77° 51'

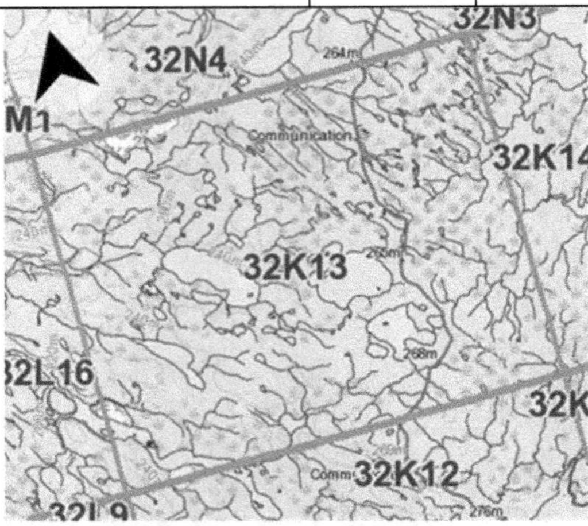

Figure 4 — Carte topographique : secteur 32K/13

Les unités lithologiques associées au secteur 32K/13 sont les suivantes :

9 : Granitoïdes pré- à syntectoniques : gneiss tonalitique et trondhjémitique ; gneiss non subdivisé ; quantité mineure de diorite.

7 : Roches intrusives mafiques : gabbro, gabbronorite, diorite et complexe de carbonatite ; quantité mineure de roches ultramafiques intrusives et extrusives.

2a : Amphibolite, métabasalte et gneiss mafique.

4 : Roches métasédimentaires : paragneiss et schiste à biotite, grenat, orthopyroxène, sillimanite, andalousite, cordiérite, staurotide et/ou disthène ; formation de fer, marbre et granite blanc d'anatexie associé aux roches métasédimentaires ; présence commune de roches intrusives et volcaniques.

L'occurrence toponymique *La dernière charge du lac à l'eau jaune* est en relation avec l'unité lithologique **9**.

Toponyme	Feuillet	Coordonnées géographiques	
		Latitude	Longitude
Usawakami Sakahikan soit *le lac aux eaux jaunes*	32K/13 Zone permise	50° 58'	77° 54'

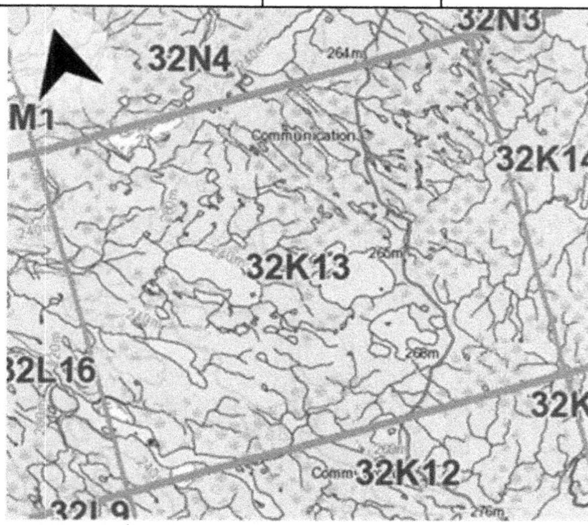

Figure 5 — Carte topographique : secteur 32K/13

Les unités lithologiques associées au secteur 32K/13 sont les suivantes :

9 : Granitoïdes pré- à syntectoniques : gneiss tonalitique et trondhjémitique ; gneiss non subdivisé ; quantité mineure de diorite.

7 : Roches intrusives mafiques : gabbro, gabbronorite, diorite et complexe de carbonatite ; quantité mineure de roches ultramafiques intrusives et extrusives.

2a : Amphibolite, métabasalte et gneiss mafique.

4 : Roches métasédimentaires : paragneiss et schiste à biotite, grenat, orthopyroxène, sillimanite, andalousite, cordiérite, staurotide et/ou disthène ; formation de fer, marbre et granite blanc d'anatexie associé aux roches métasédimentaires ; présence commune de roches intrusives et volcaniques.

L'occurrence toponymique *Le lac aux eaux jaunes* est en relation avec les unités lithologiques **7 et 2a**.

Toponyme	Feuillet	Coordonnées géographiques	
		Latitude	Longitude
Usawakamiu, Marais soit *le marais aux eaux jaunes*	32M/07 Pas d'information	51° 17'	78° 31'

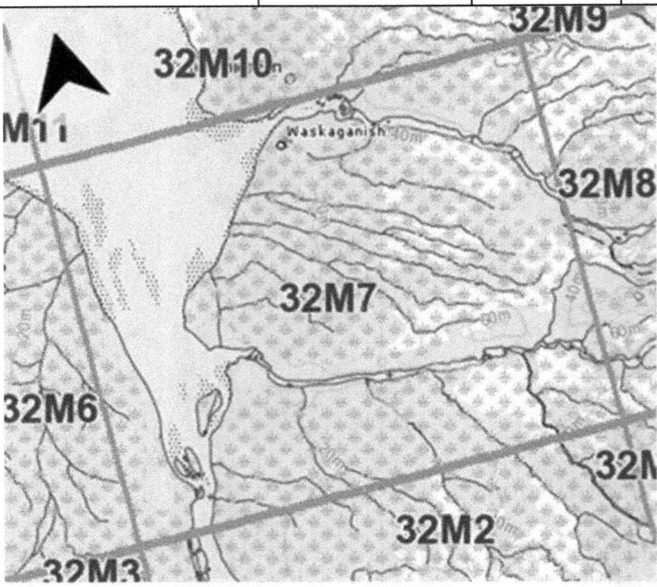

Figure 6 — Carte topographique : secteur 32M/07

Les unités lithologiques associées au secteur 32M/07 sont les suivantes :

98 : Grès et arkose (Formation de Sextant).

14 : Roches granitiques syn- à tarditectoniques : granite, granodiorite, monzonite et syénite ; quantité mineure de diatexite.

4 : Roches métasédimentaires : paragneiss et schiste à biotite, grenat, orthopyroxène, sillimanite, andalousite, cordiérite, staurotide et/ou disthène ; formation de fer, marbre et granite blanc d'anatexie associé aux roches métasédimentaires ; présence commune de roches intrusives et volcaniques.

L'occurrence toponymique *Le marais aux eaux jaunes* est en relation avec les unités lithologiques **98** et **4**.

Toponyme	Feuillet	Coordonnées géographiques	
		Latitude	Longitude
Usawakamiu, Ruisseau soit *le ruisseau aux eaux jaunes*	32M/07 Pas d'information	51° 17'	78° 35'

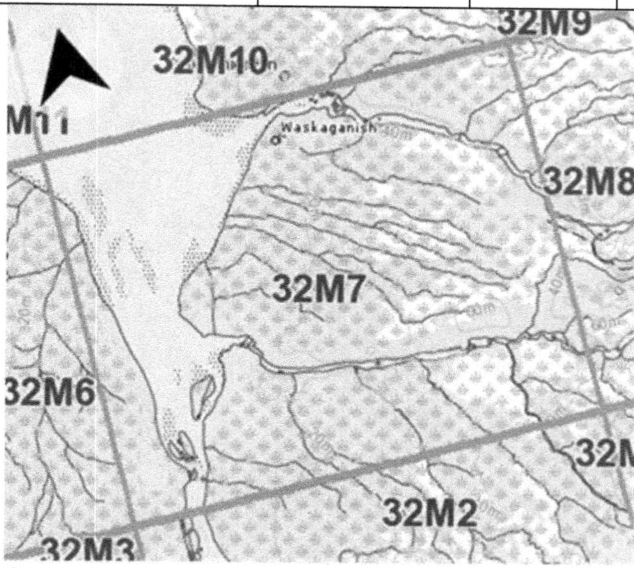

Figure 7 — Carte topographique : secteur 32M/07

Les unités lithologiques associées au secteur 32M/07 sont les suivantes :

98 : Grès et arkose (Formation de Sextant).

14 : Roches granitiques syn- à tarditectoniques : granite, granodiorite, monzonite et syénite ; quantité mineure de diatexite.

4 : Roches métasédimentaires : paragneiss et schiste à biotite, grenat, orthopyroxène, sillimanite, andalousite, cordiérite, staurotide et/ou disthène ; formation de fer, marbre et granite blanc d'anatexie associé aux roches métasédimentaires ; présence commune de roches intrusives et volcaniques.

L'occurrence toponymique *Le ruisseau aux eaux jaunes* est en relation avec les unités lithologiques **98** et **4**.

Toponyme	Feuillet	Coordonnées géographiques	
		Latitude	Longitude
Usawakamiu soit *la rivière aux eaux jaunes*	32M/07 Pas d'information	51° 18'	78° 35'

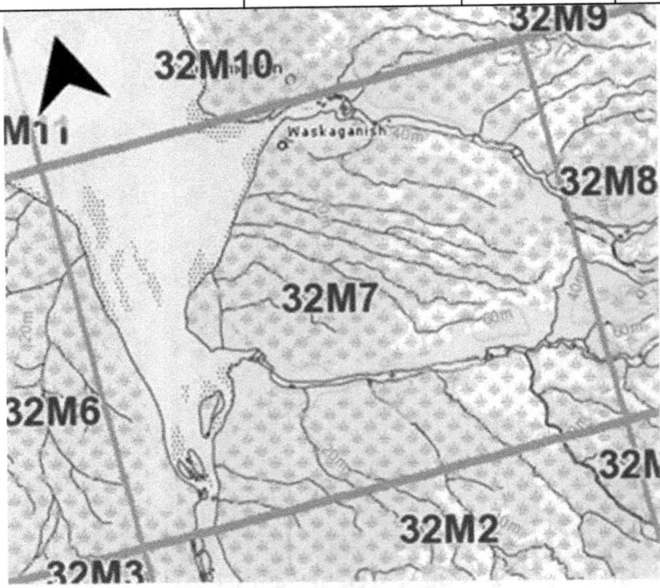

Figure 8 — Carte topographique : secteur 32M/07

Les unités lithologiques associées au secteur 32M/07 sont les suivantes :

98 : Grès et arkose (Formation de Sextant).

14 : Roches granitiques syn- à tarditectoniques : granite, granodiorite, monzonite et syénite ; quantité mineure de diatexite.

4 : Roches métasédimentaires : paragneiss et schiste à biotite, grenat, orthopyroxène, sillimanite, andalousite, cordiérite, staurotide et/ou disthène ; formation de fer, marbre et granite blanc d'anatexie associé aux roches métasédimentaires ; présence commune de roches intrusives et volcaniques.

L'occurrence toponymique *La rivière aux eaux jaunes* est en relation avec les unités lithologiques **98** et **4**.

Toponyme	Feuillet	Coordonnées géographiques	
		Latitude	Longitude
Usawakamiu, Lac soit *le lac aux eaux jaunes*	32N/04 Pas d'information	51° 01'	77° 46'

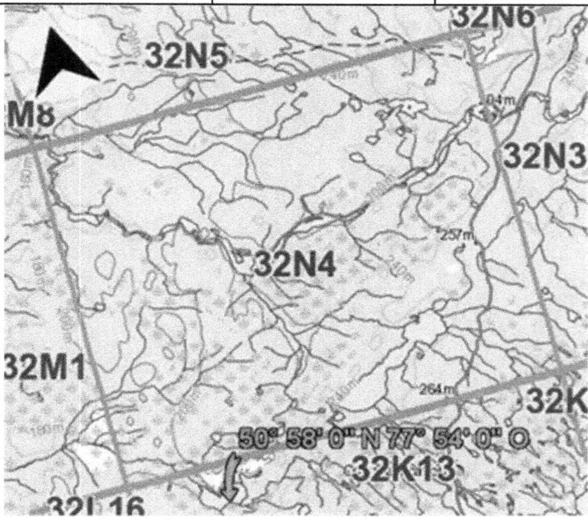

Figure 9 — Carte topographique : secteur 32N/04

Les unités lithologiques associées au secteur 32N/04 sont les suivantes :

14 : Roches granitiques syn- à tarditectoniques : granite, granodiorite, monzonite et syénite ; quantité mineure de diatexite.

7 : Roches intrusives mafiques : gabbro, gabbronorite, diorite et complexe de carbonatite ; quantité mineure de roches ultramafiques intrusives et extrusives.

2a : Amphibolite, métabasalte et gneiss mafique.

4 : Roches métasédimentaires : paragneiss et schiste à biotite, grenat, orthopyroxène, sillimanite, andalousite, cordiérite, staurotide et/ou disthène ; formation de fer, marbre et granite blanc d'anatexie associé aux roches métasédimentaires ; présence commune de roches intrusives et volcaniques.

L'occurrence toponymique *Le lac aux eaux jaunes* est en relation avec la l'unité lithologique **7**.

Toponyme	Feuillet	Coordonnées géographiques	
		Latitude	Longitude
Kamikwakamach soit *le lac aux eaux rouges*	32N/06 Quelques zones interdites	51° 21'	77° 11'

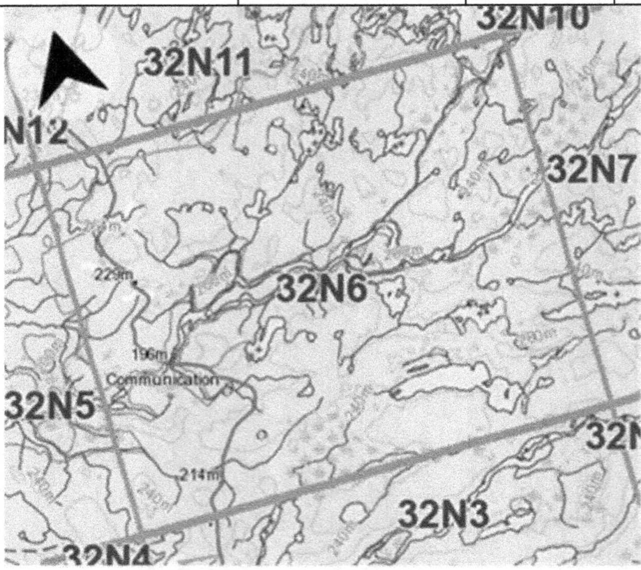

Figure 10 — Carte topographique : secteur 32N06

Les unités lithologiques associées au secteur 32N06 sont les suivantes :

14 : Roches granitiques syn- à tarditectoniques : granite, granodiorite, monzonite et syénite ; quantité mineure de diatexite.

2a : Amphibolite, métabasalte et gneiss mafique.

4 : Roches métasédimentaires : paragneiss et schiste à biotite, grenat, orthopyroxène, sillimanite, andalousite, cordiérite, staurotide et/ou disthène ; formation de fer, marbre et granite blanc d'anatexie associé aux roches métasédimentaires ; présence commune de roches intrusives et volcaniques.

L'occurrence toponymique *Le lac aux eaux rouges* est en relation avec la l'unité lithologique **4**.

Toponyme	Feuillet	Coordonnées géographiques	
		Latitude	Longitude
Usawakami, Ruisseau soit *le ruisseau aux eaux jaunes*	32N/12 Zone permise sauf une petite zone au sud	51° 41' 10"	77° 44' 05"

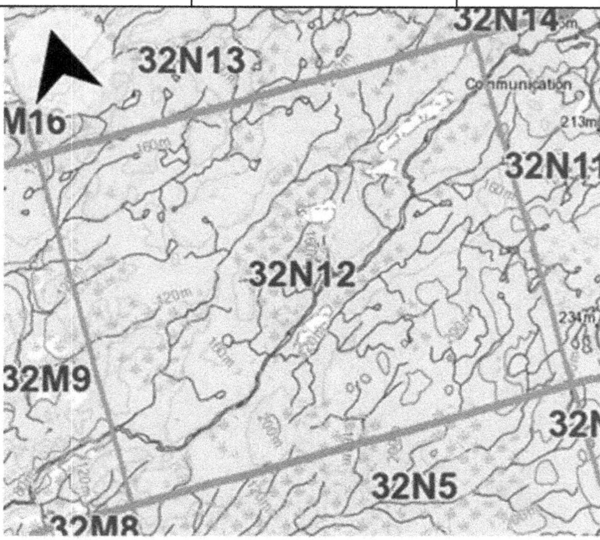

Figure 11 — Carte topographique : secteur 32N/12

Les unités lithologiques associées au secteur 32N/12 sont les suivantes :

9 : Granitoïdes pré- à syntectoniques : gneiss tonalitique et trondhjémitique ; gneiss non subdivisé ; quantité mineure de diorite.

4 : Roches métasédimentaires : paragneiss et schiste à biotite, grenat, orthopyroxène, sillimanite, andalousite, cordiérite, staurotide et/ou disthène ; formation de fer, marbre et granite blanc d'anatexie associé aux roches métasédimentaires ; présence commune de roches intrusives et volcaniques.

14 : Roches granitiques syn- à tarditectoniques : granite, granodiorite, monzonite et syénite ; quantité mineure de diatexite.

L'occurrence toponymique *Le ruisseau aux eaux jaunes* est en relation avec l'unité lithologique **4**.

Toponyme	Feuillet	Coordonnées géographiques	
		Latitude	Longitude
Kamikwapuschikaw, Lac soit *le lac à la boue rouge*	33C/12 Zone permise sauf une petite zone interdite au nord	52° 30'	77° 35'

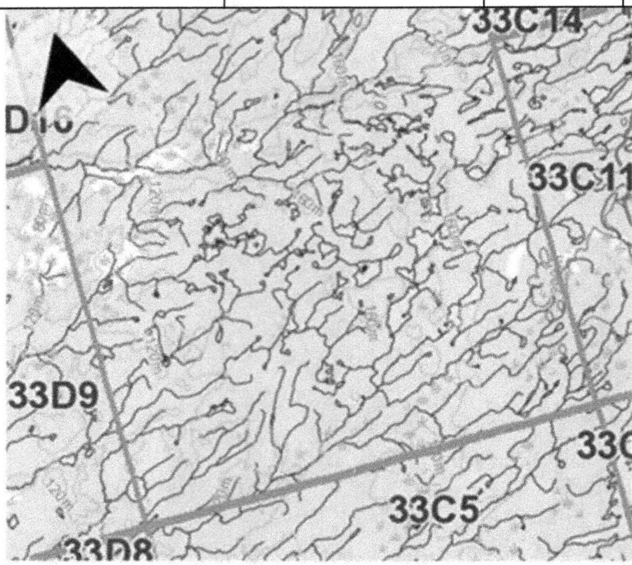

Figure 12 — Carte topographique : secteur 33C/12

Les unités lithologiques associées au secteur 33C/12 sont les suivantes :

14 : Roches granitiques syn- à tarditectoniques : granite, granodiorite, monzonite et syénite ; quantité mineure de diatexite.

13 : Roches tonalitiques syn- à tarditectoniques : tonalite, trondhjémite et granodiorite ; quantité mineure de diorite et de monzodiorite.

L'occurrence toponymique *Le lac à la boue rouge* est en relation avec les deux unités lithologiques.

Toponyme	Feuillet	Coordonnées géographiques	
		Latitude	Longitude
Ausaukwanuch, Lac soit *le lac où on voit un reflet jaune*	33C/12 Zone permise avec une zone interdite située au nord	52° 37'	77° 47'

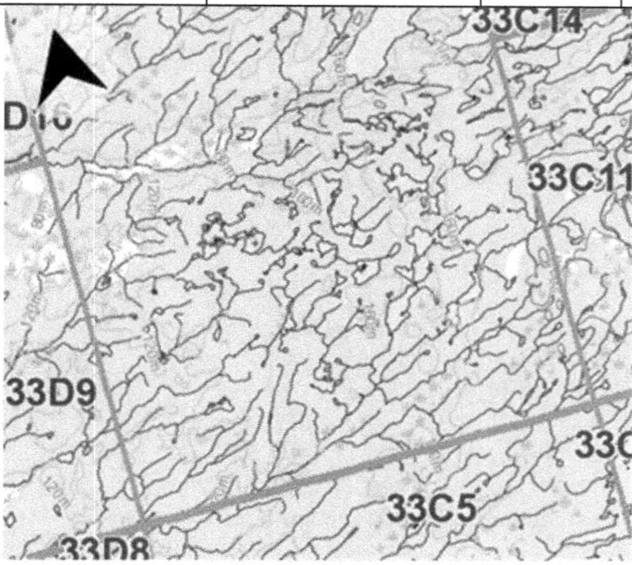

Figure 13 — Carte topographique : secteur 33C/12

Les unités lithologiques associées au secteur 33C/12 sont les suivantes :

14 : Roches granitiques syn- à tarditectoniques : granite, granodiorite, monzonite et syénite ; quantité mineure de diatexite.

13 : Roches tonalitiques syn- à tarditectoniques : tonalite, trondhjémite et granodiorite ; quantité mineure de diorite et de monzodiorite.

L'occurrence toponymique *Le lac où on voit un reflet jaune* est en relation avec les deux unités lithologiques.

Toponyme	Feuillet	Coordonnées géographiques	
		Latitude	Longitude
Akapitayapiskach, Anse soit *la baie des rochers en strates*	33D/10 Pas d'information	52° 34'	78° 44'

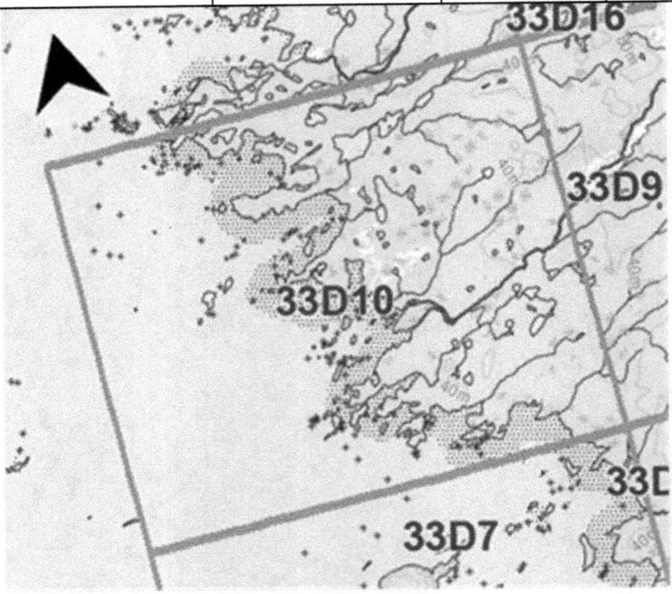

Figure 14 — Carte topographique : secteur 33D/10

N'ayant pas d'information sur le secteur 33D10, mais d'après la carte géologique du Québec qui m'a été remise par Michel Lévesque, ce territoire qui est accolé aux feuillets 33D09 et 33D08 pourraient avoir les mêmes compositions rocheuses que ces derniers. Nous trouvons les unités lithologiques suivantes :

14 : Roches granitiques syn- à tarditectoniques : granite, granodiorite, monzonite et syénite ; quantité mineure de diatexite.

13 : Roches tonalitiques syn- à tarditectoniques : tonalite, trondhjémite et granodiorite ; quantité mineure de diorite et de monzodiorite.

Toponyme	Feuillet	Coordonnées géographiques	
		Latitude	Longitude
Akipitayapiskach, Falaise soit *la pointe des rochers en strates*	33E/02 Pas d'information	53° 01'	78° 59'

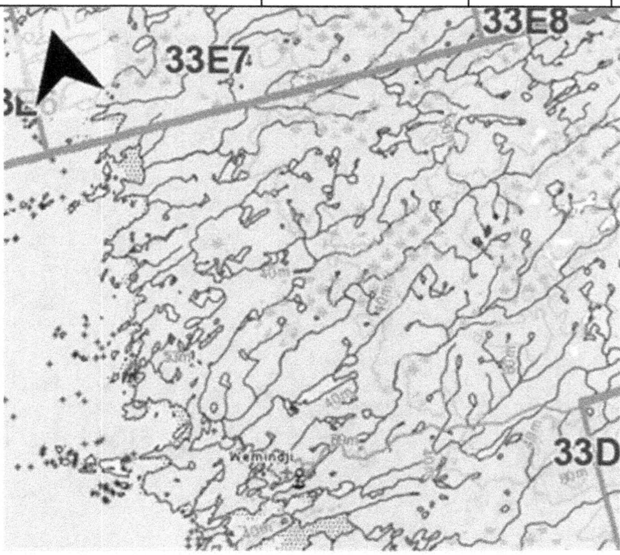

Figure 15 — Carte topographique : secteur 33E/02

Nous n'avons aucune information sur le secteur 33E/02, cependant comme il est conjoint au secteur 33E/01, nous supposons que ses lithographies sont similaires.

9 : Granitoïdes pré- à syntectoniques : gneiss tonalitique et trondhjémitique ; gneiss non subdivisé ; quantité mineure de diorite.

14 : Roches granitiques syn- à tarditectoniques : granite, granodiorite, monzonite et syénite ; quantité mineure de diatexite.

Toponyme	Feuillet	Coordonnées géographiques	
		Latitude	Longitude
Kamikwasisakaw, Ruisseau soit *le ruisseau aux rochers rouges*	33F/02 Zone permise et zone d'exploration permise sous conditions	53° 04'	76° 52'

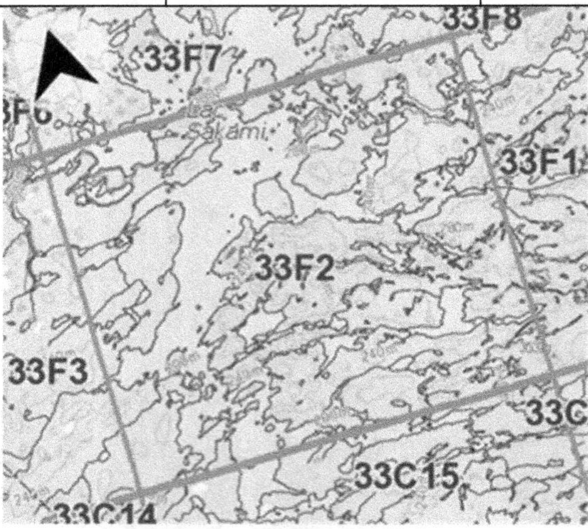

Figure 16 — Carte topographique : secteur 33F/02

Les unités lithologiques associées au secteur 33F/02 sont les suivantes :

4 : Roches métasédimentaires : paragneiss et schiste à biotite, grenat, orthopyroxène, sillimanite, andalousite, cordiérite, staurotide et/ou disthène ; formation de fer, marbre et granite blanc d'anatexie associé aux roches métasédimentaires ; présence commune de roches intrusives.

14 : Roches granitiques syn- à tarditectoniques : granite, granodiorite, monzonite et syénite ; quantité mineure de diatexite.

13 : Roches tonalitiques syn- à tarditectoniques : tonalite, trondhjémite et granodiorite ; quantité mineure de diorite et de monzodiorite.

2a : Amphibolite, métabasalte et gneiss mafique.

L'occurrence toponymique *Le ruisseau aux rochers rouges* est en relation avec l'unité lithologique **14**.

Toponyme	Feuillet	Coordonnées géographiques	
		Latitude	Longitude
Wiminuchistikw, Ruisseau soit *le ruisseau de la montagne du vermillon*	33F/02 Zone permise et zone d'exploration permise sous conditions	53° 10'	76° 57'

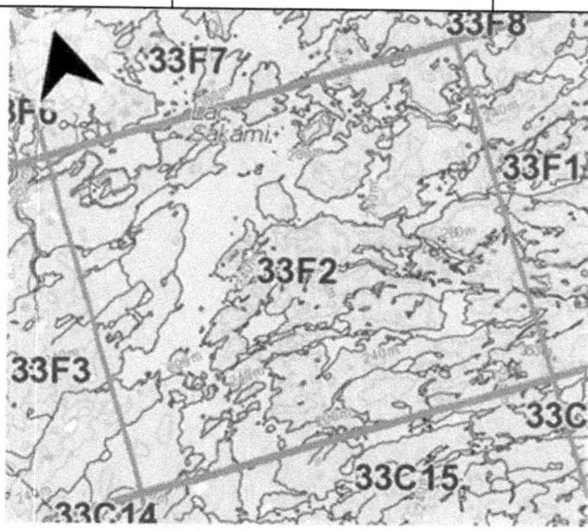

Figure 17 — Carte topographique : secteur 33F/02

Les unités lithologiques associées au secteur 33F/02 sont les suivantes :

4 : Roches métasédimentaires : paragneiss et schiste à biotite, grenat, orthopyroxène, sillimanite, andalousite, cordiérite, staurotide et/ou disthène ; formation de fer, marbre et granite blanc d'anatexie associé aux roches métasédimentaires ; présence commune de roches intrusives.

14 : Roches granitiques syn- à tarditectoniques : granite, granodiorite, monzonite et syénite ; quantité mineure de diatexite.

13 : Roches tonalitiques syn- à tarditectoniques : tonalite, trondhjémite et granodiorite ; quantité mineure de diorite et de monzodiorite.

2a : Amphibolite, métabasalte et gneiss mafique.

L'occurrence toponymique *Le ruisseau de la montagne du vermillon* est en relation avec l'unité lithologique **2a**.

Toponyme	Feuillet	**Coordonnées géographiques**	
		Latitude	Longitude
Kamihkusakaw, Lac soit *le lac aux rochers rouges*	33K/05 Interdit à l'exploration	54° 25'	77° 38'

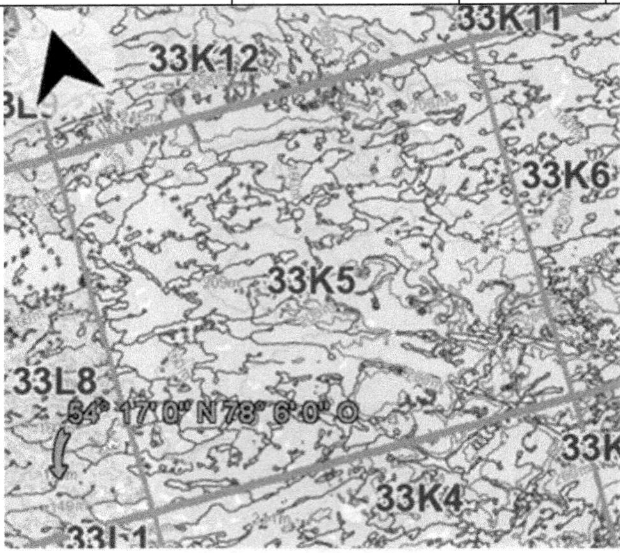

Figure 18 — Carte topographique : secteur 33K/05

Les unités lithologiques associées au secteur 33K/05 sont les suivantes :

55 : Granitoïdes à orthopyroxène : charnockite, mangérite, jotunite et syénite à hypersthène.

14 : Roches granitiques syn- à tarditectoniques : granite, granodiorite, monzonite et syénite ; quantité mineure de diatexite.

L'occurrence toponymique *Le lac aux rochers rouges* est en relation avec l'unité lithologique **14**.

Toponyme	Feuillet	Coordonnées géographiques	
		Latitude	Longitude
Kamikwakwasich, Lac soit *le lac... rouge*	33K/13 Exploration permise sous conditions sauf une toute petite zone interdite au sud	54° 49'	77° 38'

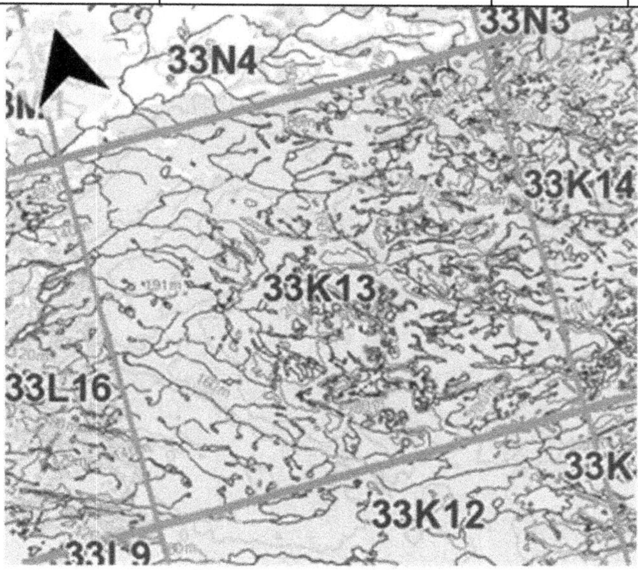

Figure 19 — Carte topographique : secteur 33K/13

L'unité lithologique associée au secteur 33K/13 est la suivante :

14 : Roches granitiques syn- à tarditectoniques : granite, granodiorite, monzonite et syénite ; quantité mineure de diatexite.

L'occurrence toponymique *Le lac... rouge* est en relation avec cette unité lithologique.

Toponyme	Feuillet	Coordonnées géographiques	
		Latitude	Longitude
Amikukiwasich, Lac soit *le lac rouge*	33L/08 Interdit à l'exploration	54° 17'	78° 06'

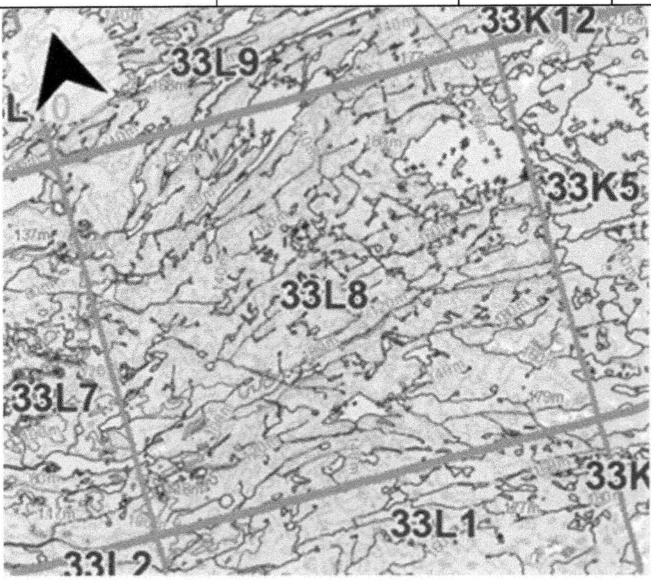

Figure 20 — Carte topographique : secteur 33L/08

Les unités lithologiques associées au secteur 33L/08 sont les suivantes :

55 : Granitoïdes à orthopyroxène : charnockite, mangérite, jotunite et syénite à hypersthène.

14 : Roches granitiques syn- à tarditectoniques : granite, granodiorite, monzonite et syénite ; quantité mineure de diatexite.

L'occurrence toponymique *Le lac rouge* est en relation avec l'unité lithologique **55**.

Toponyme	Feuillet	Coordonnées géographiques	
		Latitude	Longitude
Kamikuwach Uministikumawaw soit *l'île des caps rouges*	33L/12 Pas d'information	54° 37'	79° 43'

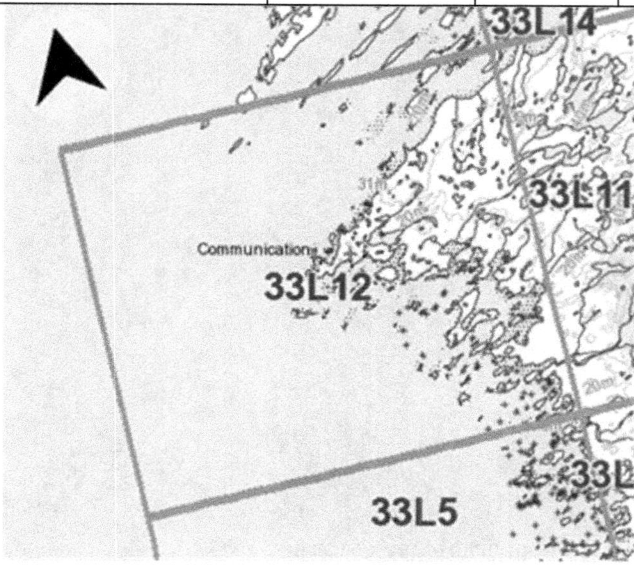

Figure 21 — Carte topographique : secteur 33L12

N'ayant pas d'information sur le secteur 33L12, mais d'après la carte géologique du Québec, ce territoire qui est accolé aux feuillets 33L10 et 33L15, pourrait avoir les mêmes compositions rocheuses que ces derniers. Nous trouvons les unités lithologiques suivantes :

55 : Granitoïdes à orthopyroxène : charnockite, mangérite, jotunite et syénite à hypersthène.

14 : Roches granitiques syn- à tarditectoniques : granite, granodiorite, monzonite et syénite ; quantité mineure de diatexite.

10 : Granitoïdes syn- à tarditectoniques non subdivisés.

Toponyme	Feuillet	Coordonnées géographiques	
		Latitude	Longitude
Auchikapatanuch, Portage soit *le court portage de l'eau ocre (?)*	33N/02 Zone permise	55° 09'	76° 58'

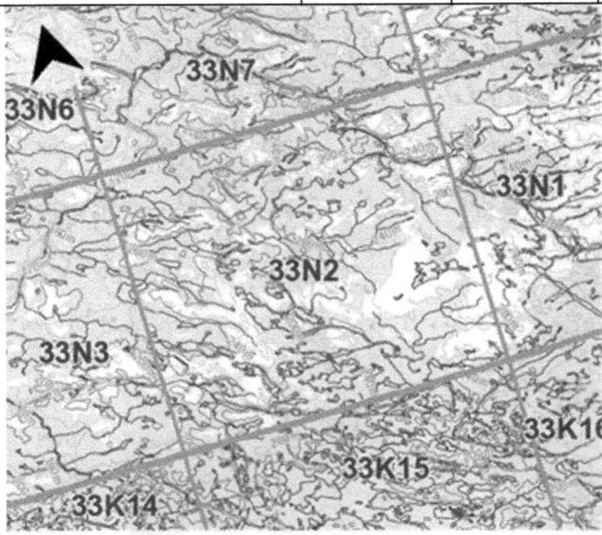

Figure 22 — Carte topographique : secteur 33N/02

Les unités lithologiques associées au secteur 33N/02 sont les suivantes :

14 : Roches granitiques syn- à tarditectoniques : granite, granodiorite, monzonite et syénite ; quantité mineure de diatexite.

10 : Granitoïdes syn- à tarditectoniques non subdivisés.

L'occurrence toponymique *Le court portage de l'eau ocre (?)* est en relation avec l'unité lithologique **10**.

Toponyme	Feuillet	Coordonnées géographiques	
		Latitude	Longitude
Auchikapatanuch, Portage soit *le court portage de l'eau ocre (?)*	33N/03 Zone permise avec une petite zone d'exploration permise sous conditions au nord	55° 11'	77° 24'

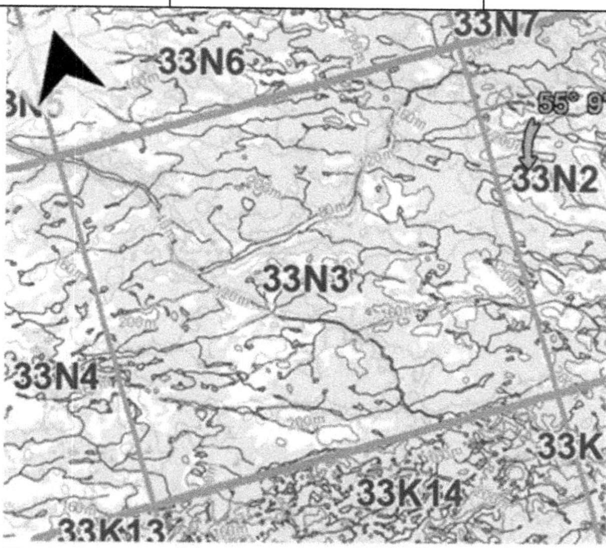

Figure 23 — Carte topographique : secteur 33N/03

Les unités lithologiques associées au secteur 33N/03 sont les suivantes :

14 : Roches granitiques syn- à tarditectoniques : granite, granodiorite, monzonite et syénite ; quantité mineure de diatexite.

10 : Granitoïdes syn- à tarditectoniques non subdivisés.

L'occurrence toponymique *Le court portage de l'eau ocre (?)* est en relation avec l'unité lithologique **10**.

Toponyme	Feuillet	Coordonnées géographiques	
		Latitude	Longitude
Kamikwapiskach, Ruisseau soit *le ruisseau aux rochers rouges*	33N/05 Zone permise ainsi qu'une zone d'explorations sous conditions	55° 24'	77° 33'

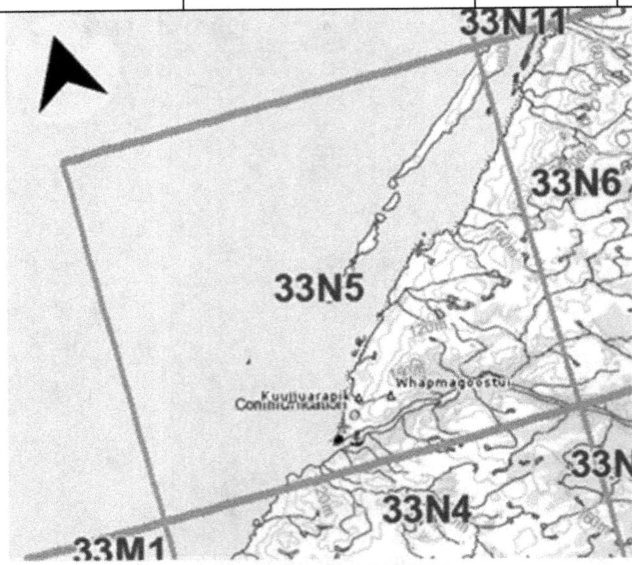

Figure 24 — Carte topographique : secteur 33N/05

L'unité lithologique associée au secteur 33N/05 est la suivante :

10 : Granitoïdes syn- à tarditectoniques non subdivisés.

L'occurrence toponymique *Le ruisseau aux rochers rouges* est en relation avec cette unité lithologique.

Toponyme	Feuillet	Coordonnées géographiques	
		Latitude	Longitude
Wimin soit *l'endroit où il y a du vermillon (peinture)*	33N/06 Zone permise	55° 27'	77° 28'

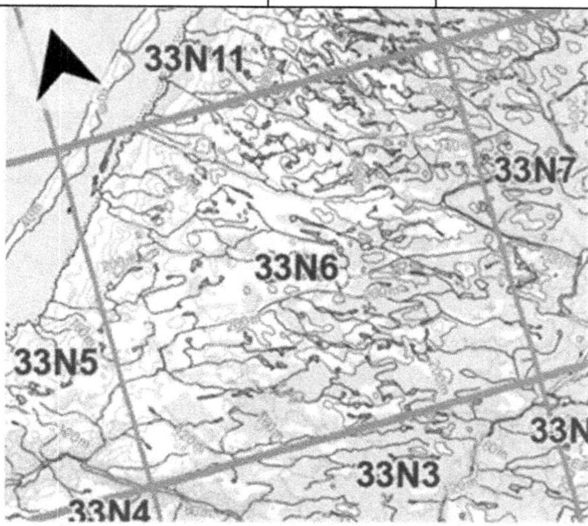

Figure 25 — Carte topographique : secteur 33N/06

Les unités lithologiques associées au secteur 33N/06 sont les suivantes :

10 : Granitoïdes syn- à tarditectoniques non subdivisés.

14 : Roches granitiques syn- à tarditectoniques : granite, granodiorite, monzonite et syénite ; quantité mineure de diatexite.

L'occurrence toponymique *L'endroit où il y a du vermillon (peinture)* est en relation avec l'unité lithologique **10**.

Toponyme	Feuillet	Coordonnées géographiques	
		Latitude	Longitude
Wimin Atat Sipis soit *la rivière où on trouve du vermillon (peinture)*	33N/06 Zone permise	55° 27' 29"	77° 27' 40"

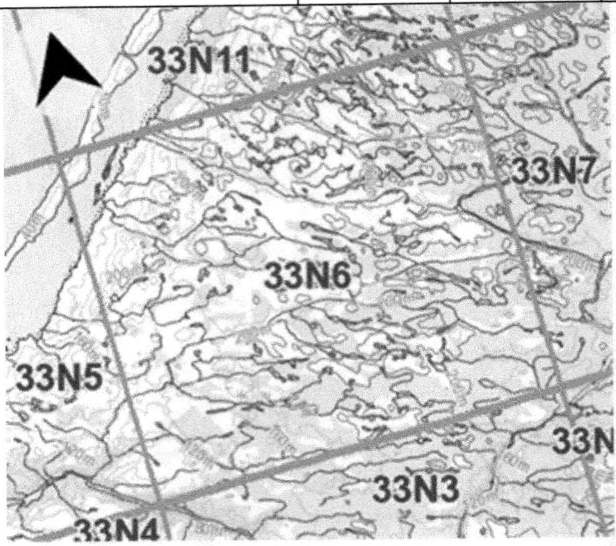

Figure 26 — Carte topographique : secteur 33N/06

Les unités lithologiques associées au secteur 33N/06 sont les suivantes :

10 : Granitoïdes syn- à tarditectoniques non subdivisés.

14 : Roches granitiques syn- à tarditectoniques : granite, granodiorite, monzonite et syénite ; quantité mineure de diatexite.

L'occurrence toponymique *La rivière où on trouve du vermillon (peinture)* est en relation avec l'unité lithologique **10**.

Toponyme	Feuillet	Coordonnées géographiques	
		Latitude	Longitude
Amimakwausakach, Falaise soit *la falaise aux rochers rouges*	33O/04 Exploration permise sous conditions	55° 02'	75° 38'

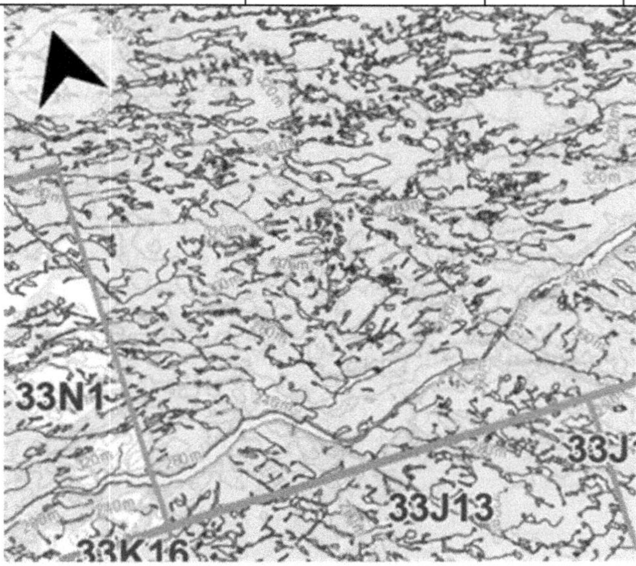

Figure 27 — Carte topographique : secteur 33O/04

Les unités lithologiques associées au secteur 33O/04 sont les suivantes :

10 : Granitoïdes syn- à tarditectoniques non subdivisés.

14 : Roches granitiques syn- à tarditectoniques : granite, granodiorite, monzonite et syénite ; quantité mineure de diatexite.

L'occurrence toponymique *La falaise aux rochers rouges* est en relation avec l'unité lithologique **10**.

1.9 Conclusion – Toponymes et unités lithologiques par regroupement de secteurs

Après avoir présenté l'analyse lithologique par toponyme et par secteur (feuillet *SNRC*), nous allons regrouper des ensembles toponyme/secteur en prenant en compte un groupe de toponymes figurant sur la même zone ou encore des secteurs ayant des frontières communes et présentant une unité lithologique semblable. Nous supposons que les informations rassemblées et analysées sous cet angle pourraient donner une approche plus globale des unités lithologiques repérées pour chacun des toponymes. Nous précisons également que les secteurs situés dans le sud (feuillets 32) ont une géologie plus détaillée que dans le nord, cette dernière zone ayant été moins explorée.

Dans chacun des tableaux suivants, les toponymes présentés font partie de la même zone même si certains renvoient à la couleur jaune, d'autres à la couleur rouge et vermillon ainsi qu'à la forme (strate).

Tableau 1.8 – Toponymes et unités lithologiques par regroupement de secteurs

Toponyme	*Signification*	*Feuillet*	*Latitude*	*Longitude*
Miyachisachistuwach, Lac	La dernière charge du lac à l'eau jaune	32K/12	50° 33'	77° 54'
Miyachisachistuwach, Lac	La dernière charge du lac à l'eau jaune	32K/13	50° 59'	77° 51'
Usawakami Sakahikan	Le lac aux eaux jaunes	32K/13	50° 58'	77° 54'
Wiminuchi Sakahikan	Le lac de la montagne du vermillon	32K/13	50° 53'	77° 50'
Wiminchi, Colline	La colline du vermillon	32K/13	50° 56'	77° 53'
Usawakamiu, Lac	Le lac aux eaux jaunes	32N/04	51° 01'	77° 46'
Kamikwakamach	Le lac aux eaux rouges	32N/06	51° 21'	77° 11'

Tableau 1.9 – Toponymes et unités lithologiques par regroupement de secteurs				
Toponyme	*Signification*	*Feuillet*	*Latitude*	*Longitude*
Auchikapatanuch, Portage	Le court portage de l'eau ocre (?)	33N/02	55° 09'	76° 58'
Auchikapatanuch, Portage	Le court portage de l'eau ocre (?)	33N/03	55° 11'	77° 24'
Kamikwapiskach, Ruisseau	Le ruisseau aux rochers rouges	33N/05	55° 24'	77° 33'
Wimin	L'endroit où il y a du vermillon (peinture)	33N/06	55° 27'	77° 28'
Wimin Atat Sipis	La rivière où on trouve du vermillon (peinture)	33N/06	55° 27' 29"	77° 27' 40"

Tableau 1.10 – Toponymes et unités lithologiques par regroupement de secteurs				
Toponyme	*Signification*	*Feuillet*	*Latitude*	*Longitude*
Kamihkusakaw, Lac	Le lac aux rochers rouges	33K/05	54° 25'	77° 38'
Kamikwakwasich, Lac	Le lac... rouge	33K/13	54° 49'	77° 38'
Amikukiwasich, Lac	Le lac rouge	33L/08	54° 17'	78° 06'
Kamikuwach Uministikumawaw	L'île des caps rouges	33L/12	54° 37'	79° 43'

Tableau 1.11 – Toponymes et unités lithologiques par regroupement de secteurs				
Toponyme	*Signification*	*Feuillet*	*Latitude*	*Longitude*
Ausaukwanuch, Lac	Le lac où on voit un reflet jaune	33C/12	52° 37'	77° 47'
Kamikwapuschikaw, Lac	Le lac à la boue rouge	33C/12	52° 30'	77° 35'

Tableau 1.12 – Toponymes et unités lithologiques par regroupement de secteurs				
Toponyme	*Signification*	*Feuillet*	*Latitude*	*Longitude*
Akipitayapiskach, Falaise	La pointe des rochers en strates	33E/02	53° 01'	78° 59'
Wiminuchistikw, Ruisseau	Le ruisseau de la montagne du vermillon	33F/02	53° 10'	76° 57'
Kamikwasisakaw, Ruisseau	Le ruisseau aux rochers rouges	33F/02	53° 04'	76° 52'

Tableau 1.13 – Toponymes et unités lithologiques par regroupement de secteurs				
Toponyme	*Signification*	*Feuillet*	*Latitude*	*Longitude*
Usawakamiu, Marais	Le marais aux eaux jaunes	32M/07	51° 17'	78° 31'
Usawakamiu, Ruisseau	Le ruisseau aux eaux jaunes	32M/07	51° 17'	78° 35'
Usawakamiu	La rivière aux eaux jaunes	32M/07	51° 18'	78° 35'

Par ailleurs, dans l'article de Moorhead et *al.*, relatif aux secteurs 33F/02 et 33F/03, en évoquant une des zones explorées faisant partie du secteur du lac Shpogan, ces auteurs spécifient que « la muscovite et le quartz sont en excès » (2000, pages en annexe).

Carte 2 — Lac Shpogan

Latitude/Longitude : 53° 10' 11" N 77° 1' 0" O — Degrés décimaux : 53.17° N 77.017° O

Coordonnées UTM : 18U 365182 5893069 — Numéro de la carte topographique : 033F03

Dans ce présent dossier, les toponymes en relation avec l'article précité renvoient uniquement au secteur 33F/02 dont les coordonnées géographiques ont respectivement pour latitudes 53° 10' et 53° 04' et pour longitudes

76° 57' et 76° 52'. Les lithographies associées au secteur 33F/02 sont les suivantes :

4 : Roches métasédimentaires : paragneiss et schiste à biotite, grenat, orthopyroxène, sillimanite, andalousite, cordiérite, staurotide et/ou disthène; formation de fer, marbre et granite blanc d'anatexie associé aux roches métasédimentaires ; présence commune de roches intrusives ;

14 : Roches granitiques syn- à tarditectoniques : granite, granodiorite, monzonite et syénite ; quantité mineure de diatexite ;

13 : Roches tonalitiques syn- à tarditectoniques : tonalite, trondhjémite et granodiorite ; quantité mineure de diorite et de monzodiorite ;
2a : Amphibolite, métabasalte et gneiss mafique.

Les toponymes *Le ruisseau aux rochers rouges* et *Le ruisseau de la montagne du vermillon* renvoient respectivement aux lithographies 14 et 2a.

Y a-t-il une relation entre ce que Moorhead et *al.* mentionnent à propos du secteur Lac Shpogan et les toponymes précités ?

CHAPITRE II

Étude de la toponymie et des ressources géologiques

avec les unités lexicales :

blanc, argile, sable, brillant, noir, pierre à fabriquer les pipes

2.1 Introduction

Dans ce chapitre, l'étude de la toponymie et des ressources géologiques réfère à différentes zones situées sur l'ensemble du territoire dénommé *Plan Nord* et couvrant les secteurs dont la latitude est comprise entre 51° et 56° et la longitude entre 73° et 79°. Dans ce présent texte, le nombre d'occurrences référant à des indices géologiques est de 31, cependant certains toponymes sont redondants quant à leur localisation. Ceci est dû à la transcription des noms de lieux qui peuvent se décliner sous différents termes en langue crie ou, encore, à leur traduction à partir du recueil d'un corpus oral, laquelle peut entraîner une certaine difficulté à en repérer les différents phonèmes et à en faire la traduction en alphabet latin. Ainsi que l'illustre Poirier :

> L'écriture des noms de lieux présente certaines difficultés en raison du fait que les graphies des toponymes hurons-wendats n'étaient pas fixées par l'écriture. Il s'agit dans un bon nombre de cas de toponymes transmis oralement. Ce qui explique qu'un toponyme pourra avoir plusieurs variantes orthographiques. Ainsi, la dénomination officielle *Lac Tourilli* sera, selon les documents, orthographiée : *Tourilé*, *Touriyé*, *Touriali*, *Atourilli*, *Tourite* (*Dossiers toponymiques*, n° 28, 2001, p. 5).

Dans ce présent dossier, l'étude portera sur les caractéristiques descriptives suivantes :

- blanche (laiteuse) ;
- argile ;
- sablonneux ;
- brillant ;
- sable blanc étincelant ;
- reflets brillants ;
- eaux miroitantes ;
- argenté dans l'eau ;
- noire ;
- sable ;
- les îles où il y a la pierre pour fabriquer des pipes

En ce qui concerne le mode opératoire de classement et d'analyse des toponymes, nous les répartirons par caractéristique. Chacune d'elle fera l'objet d'une présentation prenant en compte des minéraux susceptibles de correspondre à ladite description. Pour chacune des occurrences toponymiques repérées, nous lui adjoindrons deux cartes : la première au 1/ 300 000ᵉ couvrant le secteur où il est situé, la deuxième au 1/40 000ᵉ sur laquelle figureront ses coordonnées géographiques.

Tableau 2.1 – Toponymes descriptifs de type géologique (peuple autochtone Cri)

		Toponyme	*Signification*	*Feuillet*	*Latitude*	*Longitude*
1	**8**	Awapakamich, Lac	Le lac à l'eau blanche (laiteuse)	33G/14	53° 46'	75° 16'
2	**9**	Awapakamich, Lac	Le lac à l'eau blanche (laiteuse)	33F/10	53° 34'	76° 50'
3	**10**	Awapakamich, Passe	La passe à l'eau blanche (laiteuse)	33F/10	53° 35'	76° 41'
4	**12**	Chischukash Ruisseau	Le ruisseau de la petite argile	32M/08	51° 20' 00"	78° 26' 00"
5	**13**	Chischukash	Le ruisseau de la petite argile	32M/15	51° 59'	78° 42'
6	**14**	Echiskaputuniskach, Pointe	La pointe de la falaise d'argile	32M/07	51° 29'	78° 41'
7	**15**	Ewashischukach	Le ruisseau de la baie argileuse	32M/11	51° 31'	79° 14'
8	**16**	Kachuchusinapuwakamich, Ruisseau	Le ruisseau aux eaux laiteuses	32N/16	51° 47'	76° 23'
9	**24**	Kasuwekaukasich, Portage	Le portage du sommet sablon-neux	32N/12	51° 43'	77° 36'
10	**25**	Kawapakamich	Les lacs blancs	33F/08	53° 27'	76° 22'
11	**26**	Kawaseyapiskau, Lac	Le lac au rocher brillant	32K/12	50° 37'	77° 36'
12	**27**	Kawaseyaukasu, Ruisseau	Le ruisseau au sable blanc étincelant	32O/04	51° 10' 21"	75° 35' 25"
13	**28**	Kawashapischeshich, Colline	Le rocher aux reflets brillants	32M/01	51° 03'	78° 25'
14	**29**	Kawashekamach, Lac	Le lac aux eaux miroi-tantes	32O/12	51° 32' 15"	75° 35' 05"
15	**30**	Kawasikusu	Le lac où on peut apercevoir quelque chose d'argenté dans l'eau	33N/02	55° 03'	76° 51'
16	**31**	Kawasitauchitin, Lac	Le lac au sable brillant (?)	33F/01	53° 14'	76° 04'
17	**32**	Kawayasakamikaw, Lac	Le lac brillant	33B/13	52° 49'	75° 38'

18	**33**	Kawipapiskastikw	La rivière de la roche noire	33D/10	52° 41'	78° 44'
19	**34**	Kawipapiskaw, Baie	La baie de la roche noire	33D/10	52° 43'	78° 47'
20	**35**	Kawipapiskaw, Lac	Le lac de la roche noire	33D/10	52° 43'	78° 41'
21	**36**	Kawipinagasse, Île	L'île noire (?)	32I/05	50° 29'	73° 51'
22	**37**	Makatewakamistikw, Bras	La rivière aux eaux noires	32N/02	51° 14'	76° 57'
23	**38**	Makatewakamu, Lac	La rivière aux eaux noires	32N/02	51° 08'	76° 37'
24	**39**	Mine-Opémisca	Les rétrécis sablon-neux	32G/15	49° 47'	74° 51'
25	**40**	Mine-Québec-Chibougamau	Lieu de rencontre	32G/16	49° 53'	74° 18'
26	**41**	Mistaukau Sakahikan	Le lac de la grande étendue de sable	32L/01	50° 08'	78° 19'
27	**44**	Satayaw, Ruisseau	Le ruisseau où c'est brillant	33M/01	55° 09'	78° 07'
28	**45**	Satayaw Sakahikan	Le lac où c'est brillant	33M/01	55° 05'	78° 07'
29	**53**	Uspwakanasini Aytach, Îles	Les îles où il y a la pierre pour fabriquer des pipes	33D/10	52° 44'	78° 52'
30	**60**	Wiyapiskuchi, Mont	Le mont du rocher blanc	33P/15	55° 53'	72° 49'
31	**61**	Wiywapiskuchi	La montagne où il y a un rocher blanc	33P/10	55° 45'	72° 50'

Légende : les chiffres indiqués dans la première colonne correspondent à l'ordre numérique croissant des toponymes du tableau ; les chiffres de la deuxième colonne renvoient à la numérotation globale qui avait été donnée à l'ensemble des toponymes descriptifs de type géologique et qui a été reportée sur les cartes géographiques et lithologiques.

Occurrences toponymiques avec les unités lexicales « blanc/laiteux »

Sept occurrences

Tableau 2.2 – Toponymes descriptifs formés avec les unités lexicales : blanc/laiteux (7 occurrences)

		Toponyme	*Signification*	*Feuillet*	*Latitude*	*Longitude*
1	**8**	Awapakamich, Lac	Le lac à l'eau blanche (laiteuse)	33G/14	53°46'	75°16'
2	**9**	Awapakamich, Lac	Le lac à l'eau blanche (laiteuse)	33F/10	53°34'	76°50'
3	**10**	Awapakamich, Passe	La passe à l'eau blanche (laiteuse)	33F/10	53°35'	76°41'
8	**16**	Kachuchusinapuwakamich, Ruisseau	Le ruisseau aux eaux laiteuses	32N/16	51°47'	76°23'
10	**25**	Kawapakamich	Les lacs blancs	33F/08	53°27'	76°22'
30	**60**	Wiyapiskuchi, Mont	Le mont du rocher blanc	33P/15	55°53'	72°49'
31	**61**	Wiywapiskuchi	La montagne où il y a un rocher blanc	33P/10	55°45'	72°50'

Légende : les chiffres indiqués dans la première colonne correspondent à l'ordre numérique croissant des toponymes du tableau ; les chiffres de la deuxième colonne renvoient à la numérotation globale qui avait été donnée à l'ensemble des toponymes descriptifs de type géologique et qui a été reportée sur les cartes géographiques et lithologiques.

Selon Abréal « Le quartz pour ne citer que celui-ci peut être rencontré sous toute la gamme des couleurs ou presque : ***incolore***, ***blanc***, violet en tant qu'améthyste, bleu rarement, jaune orangé en tant que citrine, rouge hématoïde ou encore noir fumé ou morion » (2002, p. 1). Le groupe de quartz constitué de silice comprend : « le quartz, l'opale, ainsi que des minéraux plus rares comme la trydimite, la cristobalite, la coesite et la stishovite » (Schumann, 2010, p. 36). Dans la famille des roches carbonatées, nous trouvons le calcaire qui est, selon l'auteur précité, « une roche monominérale, formée essentiellement d'une seule espèce minérale, soit la calcite, qui peut atteindre des proportions de 95 % » (*ibid.*, p. 280). Sa présence dans l'eau pourrait donner à cette dernière une couleur ***laiteuse***.

Toponyme	Feuillet	Coordonnées géographiques	
		Latitude	Longitude
Awapakamich, Lac soit *le lac à l'eau blanche (laiteuse)*	33G/14	53° 46'	75° 16'

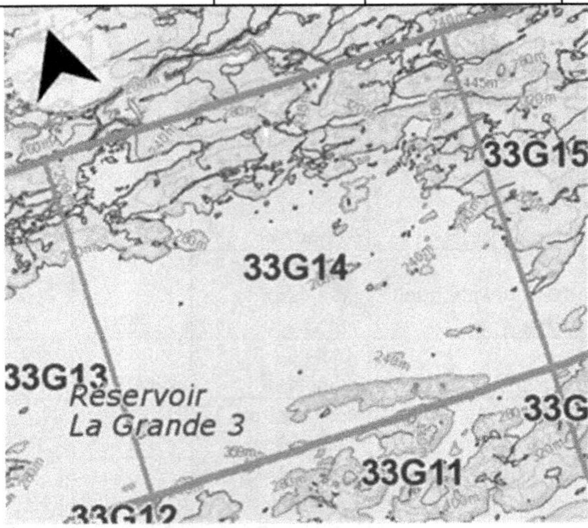

Figure 1 — Carte topographique : secteur 33G14

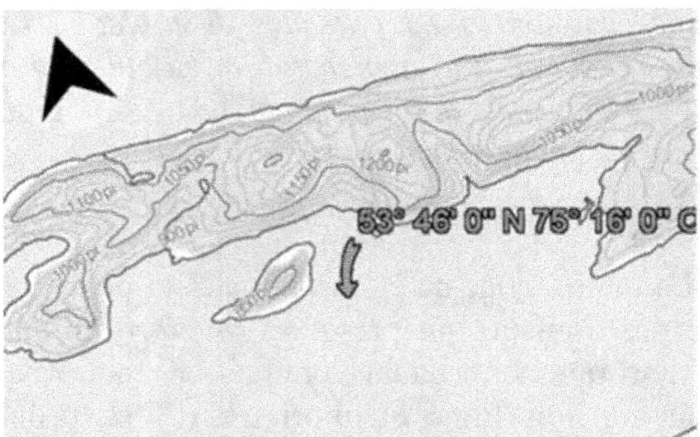

Figure 2 — Carte topographique des coordonnées du toponyme : *le lac à l'eau blanche (laiteuse)*

Toponyme	Feuillet	Coordonnées géographiques	
Awapakamich, Lac soit *le lac à l'eau blanche (laiteuse)*	33F/10	Latitude	Longitude
		53° 34'	76° 50'

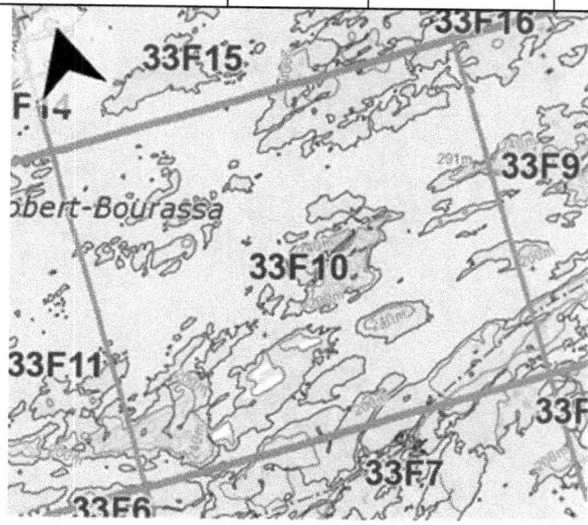

Figure 3 — Carte topographique : secteur 33F/10

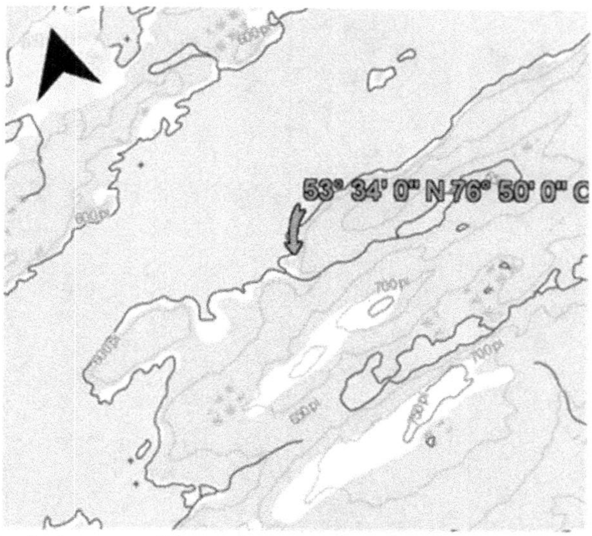

Figure 4 — Carte topographique des coordonnées du toponyme : *le lac à l'eau blanche (laiteuse)*

Toponyme	Feuillet	Coordonnées géographiques	
		Latitude	Longitude
Awapakamich, Passe soit *la passe à l'eau blanche (laiteuse)*	33F/10	53° 35'	76° 41'

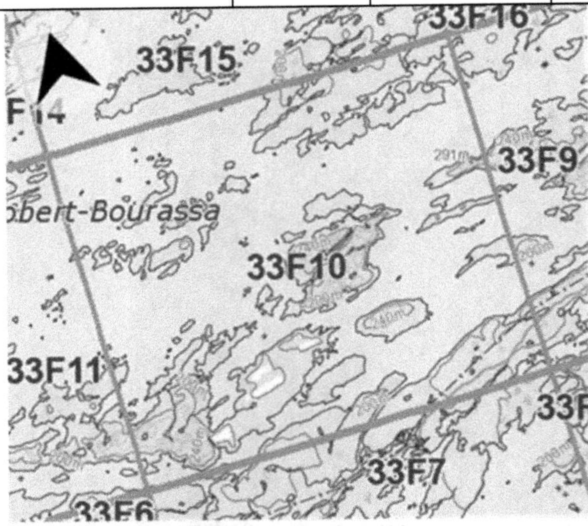

Figure 5 — Carte topographique : secteur 33F/10

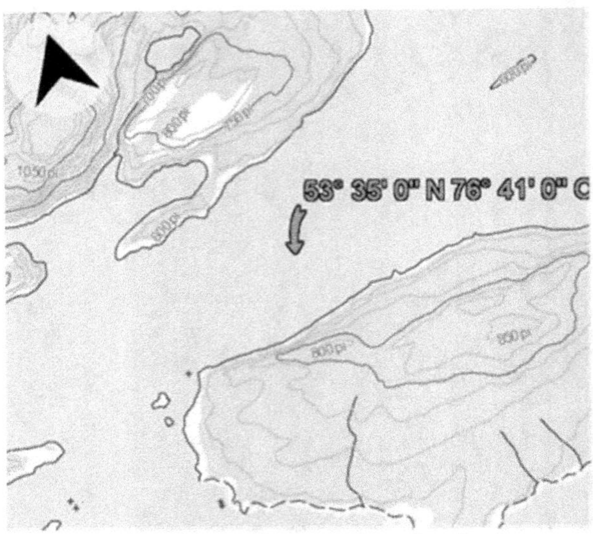

Figure 6 — Carte topographique des coordonnées du toponyme : *la passe à l'eau blanche (laiteuse)*

Toponyme	Feuillet	Coordonnées géographiques	
Kachuchusinapuwakamich, Ruisseau soit *le ruisseau aux eaux laiteuses*	32N/16	Latitude	Longitude
		51° 47'	76° 23'

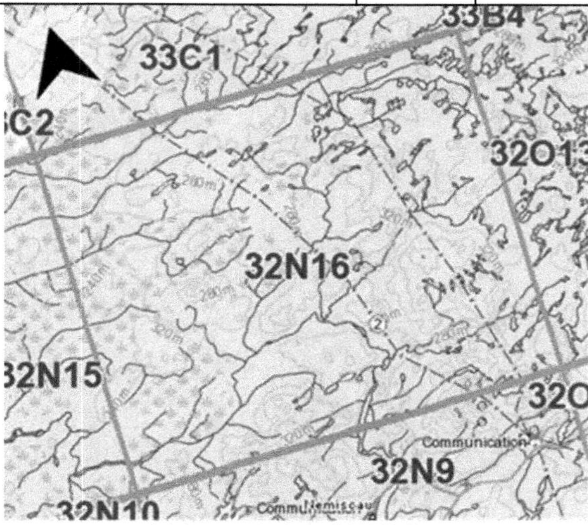

Figure 7 — Carte topographique : secteur 32N/16

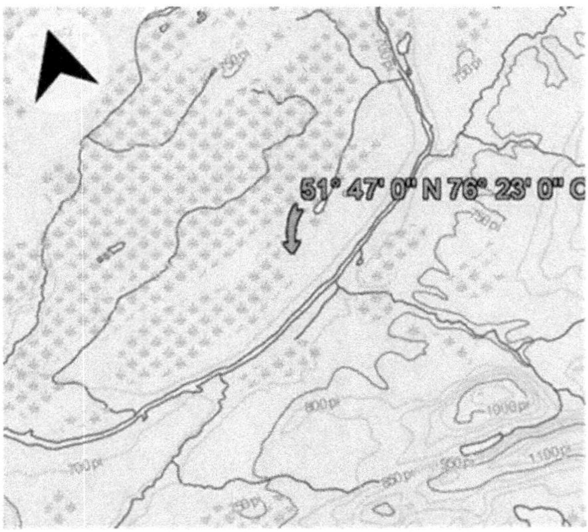

Figure 8 — Carte topographique des coordonnées du toponyme : *le ruisseau aux eaux laiteuses*

Toponyme	Feuillet	Coordonnées géographiques	
		Latitude	Longitude
Kawapakamich soit *les lacs blancs*	33F/08	53° 27'	76° 22'

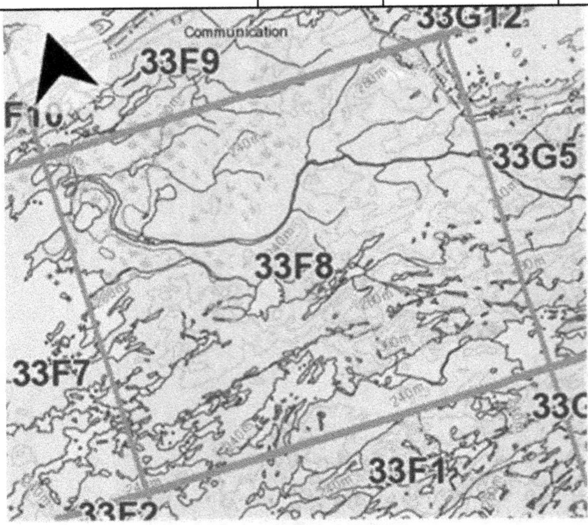

Figure 9 — Carte topographique : secteur 33F/08

Figure 10 — Carte topographique des coordonnées du toponyme : *les lacs blancs*

Toponyme	Feuillet	Coordonnées géographiques	
		Latitude	Longitude
Wiyapiskuchi, Mont soit *le mont du rocher blanc*	33P/15	55° 53'	72° 49'

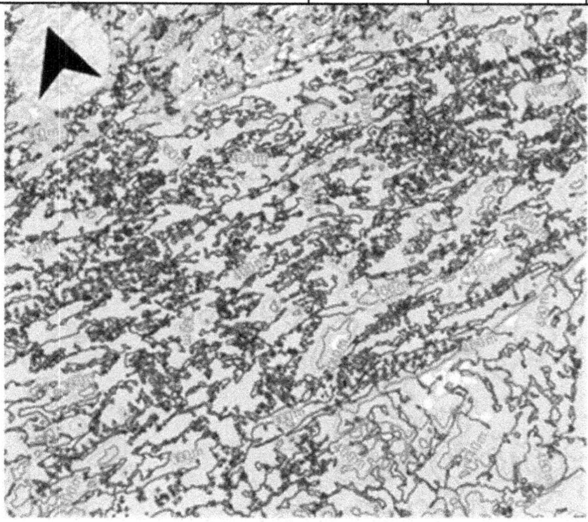

Figure 11 — Carte topographique : secteur 33P/15

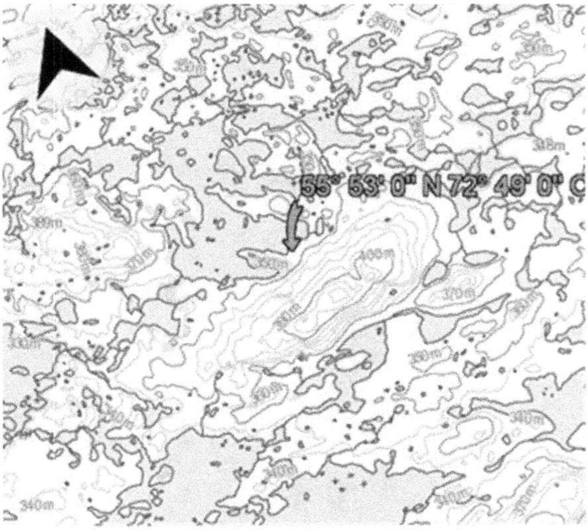

Figure 12 — Carte topographique des coordonnées du toponyme : *le mont du rocher blanc*

Toponyme	Feuillet	Coordonnées géographiques	
		Latitude	Longitude
Wiywapiskuchi soit *la montagne où il y a un rocher blanc*	33P/10	55° 45'	72° 50'

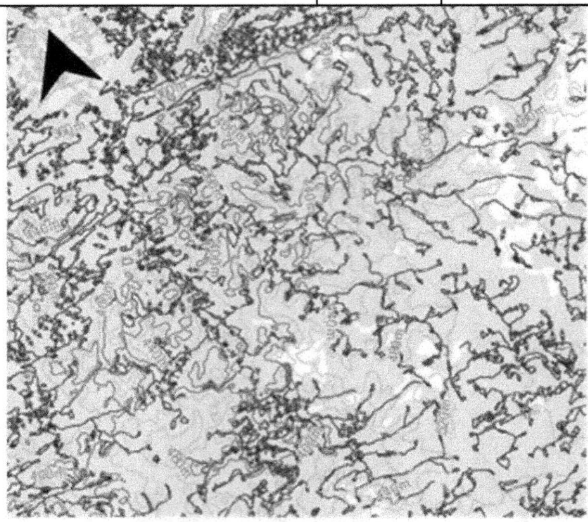

Figure 13 — Carte topographique : secteur 33P/10

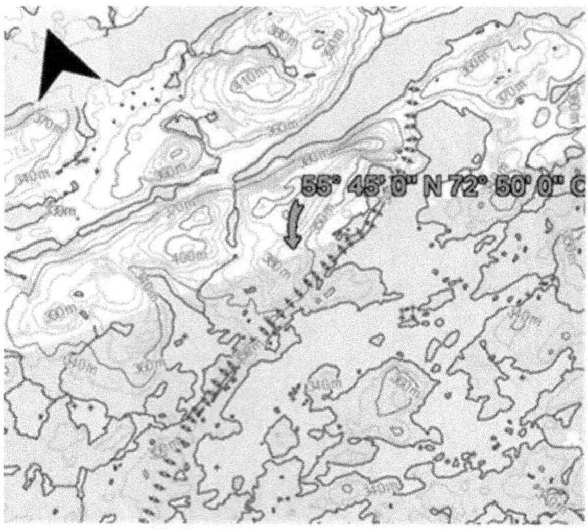

Figure 14 — Carte topographique des coordonnées du toponyme : *la montagne où il y a un rocher blanc*

Occurrences toponymiques avec l'unité lexicale « argile »

Quatre occurrences

Tableau 2.3 – Toponymes descriptifs formés avec l'unité lexicale : « argile » (4 occurrences)

		Toponyme	*Signification*	*Feuillet*	*Latitude*	*Longitude*
4	**12**	Chischukash Ruisseau	Le ruisseau de la petite argile	32M/08	51° 20' 00"	78° 26' 00"
5	**13**	Chischukash	Le ruisseau de la petite argile	32M/15	51° 59'	78° 42'
6	**14**	Echiskaputuniskach, Pointe	La pointe de la falaise d'argile	32M/07	51° 29'	78° 41'
7	**15**	Ewashischukach	Le ruisseau de la baie argileuse	32M/11	51° 31'	79° 14'

Légende : les chiffres indiqués dans la première colonne correspondent à l'ordre numérique croissant des toponymes du tableau ; les chiffres de la deuxième colonne renvoient à la numérotation globale qui avait été donnée à l'ensemble des toponymes descriptifs de type géologique et qui a été reportée sur les cartes géographiques et lithologiques.

L'argile fait partie de la famille des lutites (ou pélites), soit des « […] roches argileuses meubles ou consolidées » (Schumann, 2010, p. 276). Nous trouvons notamment les argiles grasses, maigres et gores, la bentonite, les lehms, les marnes, le lœss, le kaolin, l'argile schisteuse.

Toponyme	Feuillet	Coordonnées géographiques	
		Latitude	Longitude
Chischukash Ruisseau soit *le ruisseau de la petite argile*	32M/08	51° 20' 00"	78° 26' 00"

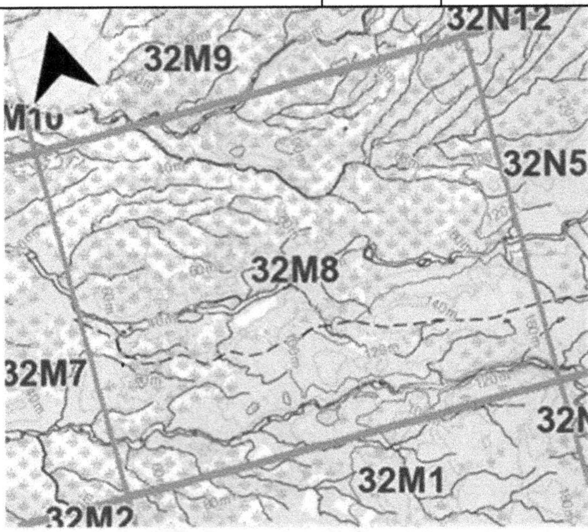

Figure 15 — Carte topographique : secteur 32M/08

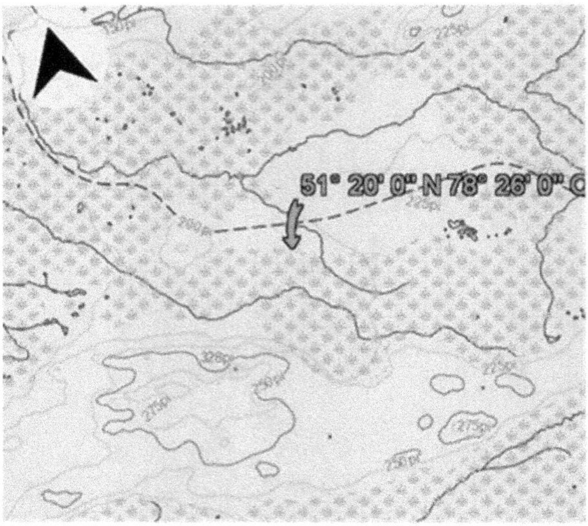

Figure 16 — Carte topographique des coordonnées du toponyme : *le ruisseau de la petite argile*

Toponyme	Feuillet	Coordonnées géographiques	
		Latitude	Longitude
Chischukash soit *le ruisseau de la petite argile*	32M/15	51° 59'	78° 42'

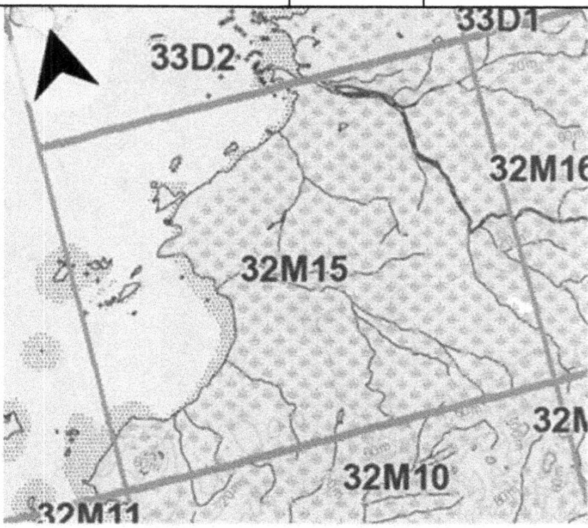

Figure 17 — Carte topographique : secteur 32M/15

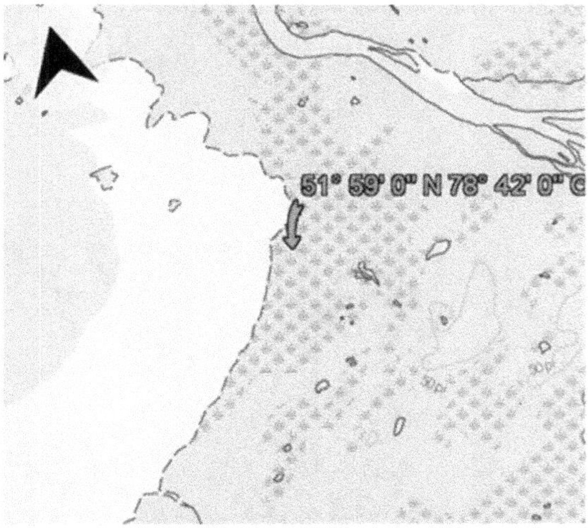

Figure 18 — Carte topographique des coordonnées du toponyme : *le ruisseau de la petite argile*

Toponyme	Feuillet	Coordonnées géographiques	
		Latitude	Longitude
Echiskaputuniskach, Pointe soit *la pointe de la falaise d'argile*	32M/07	51° 29'	78° 41'

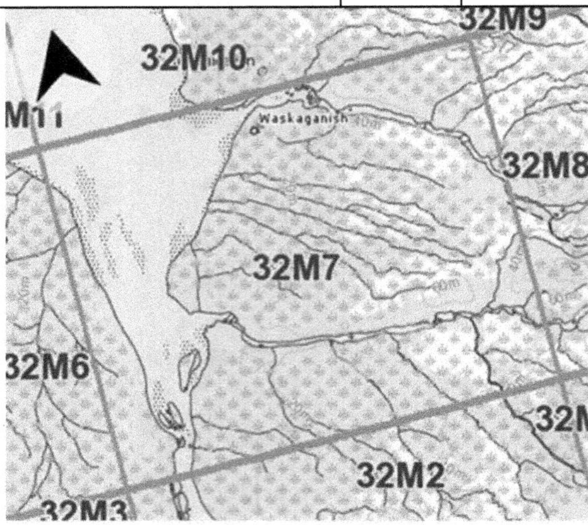

Figure 19 — Carte topographique : secteur 32M/07

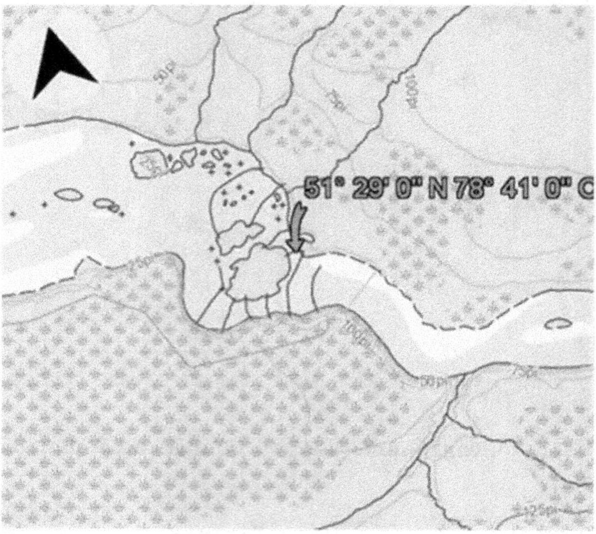

Figure 20 — Carte topographique des coordonnées du toponyme : *la pointe de la falaise d'argile*

Toponyme	Feuillet	Coordonnées géographiques	
		Latitude	Longitude
Ewashischukach soit *le ruisseau de la baie argileuse*	32M/11	51° 31'	79° 14'

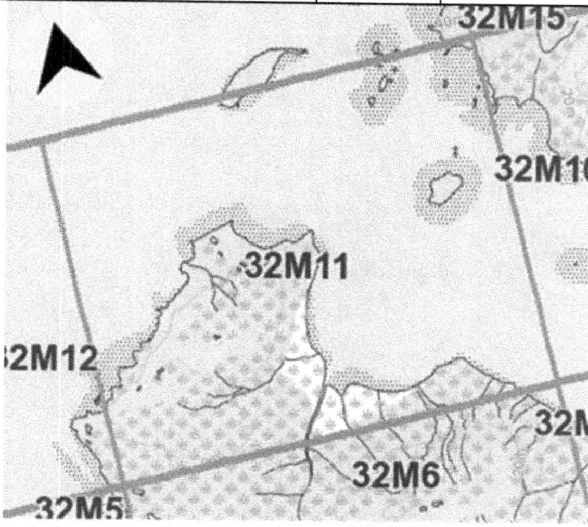

Figure 21 — Carte topographique : secteur 32M/11

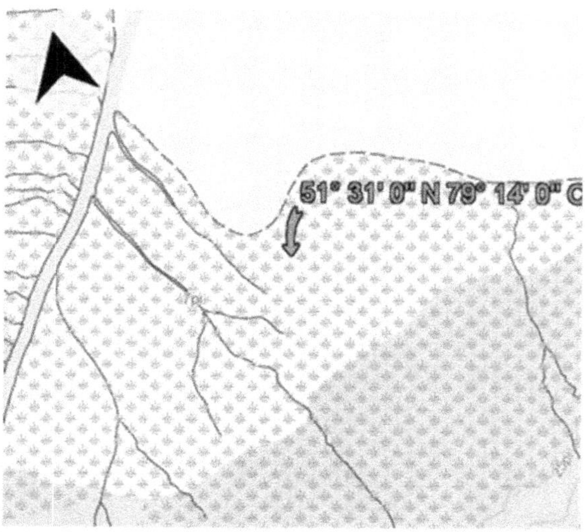

Figure 22 — Carte topographique des coordonnées du toponyme : *le ruisseau de la baie argileuse*

Occurrences toponymiques avec les unités lexicales
« sablonneux/sable »

Cinq occurrences

Tableau 2.4 – Toponymes descriptifs formés avec les unités lexicales : sablonneux/sable (5 occurrences)						
		Toponyme	*Signification*	*Feuillet*	*Latitude*	*Longi-tude*
9	**24**	Kasuwekaukasic h, Portage	Le portage du sommet sablonneux	32N/12	51° 43'	77° 36'
12	**27**	Kawaseyaukasu, Ruisseau	Le ruisseau au sable blanc étincelant	32O/04	51° 10' 21"	75° 35' 25"
16	**31**	Kawasitauchitin, Lac	Le lac au sable brillant (?)	33F/01	53° 14'	76° 04'
24	**39**	Mine-Opémisca	Les rétrécis sablonneux	32G/15	49° 47'	74° 51'
26	**41**	Mistaukau Sakahikan	Le lac de la grande étendue de sable	32L/01	50° 08'	78° 19'

Légende : les chiffres indiqués dans la première colonne correspondent à l'ordre numérique croissant des toponymes du tableau ; les chiffres de la deuxième colonne renvoient à la numérotation globale qui avait été donnée à l'ensemble des toponymes descriptifs de type géologique et qui a été reportée sur les cartes géographiques et lithologiques.

Cette terminologie géologique recouvre des toponymes dont la description est d'ordre général. Selon le *TLFi*[26], le sable est une « roche sédimentaire meuble, constituée de petits fragments provenant de la désagrégation de roches de nature diverse (notamment silice) » ; il s'agit d'un « assemblage meuble de minéraux et de fragments de roches, dont 50 % au moins des éléments ont de 0,002 à 2 mm de diamètre. Les minéraux sont le plus souvent du ***quartz*** et du ***feldspath***, ainsi que du ***mica*** et des ***minéraux lourds*** » (Schumann, 2010, p. 272).

En dehors des toponymes de type hyperonyme, nous trouvons, dans cette série, des adjectifs qui permettent de caractériser l'objet observé tels qu'« étincelant » et « brillant » et c'est à partir de ces spécifications que notre analyse va prendre place. Des micas, Schumann précise qu'ils ont « un aspect ***scintillant*** micacé » (*ibid.*, p. 46).

[26] *Cf. Trésor de la langue française informatisé* consultable par le lien URL : http://atilf.atilf.fr/

Pour ce qui est de la précision : « sable blanc », elle laisse supposer que ce sable, à cause de sa couleur, contiendrait de la silice en quantité plus importante. La ***silice*** ou ***dioxyde de silicium*** (*$SiO2$*) est un groupe qui « comprend les minéraux presque uniquement composés de silice. Certains sont cristallisés, tels que le quartz, la trydimite et la cristobalite ; d'autres, généralement rassemblés sous le nom de calcédoine, sont cryptocristallins ; l'opale est amorphe » (Hamilton, Woolley, Bishop, 1990, p. 128).

Toponyme	Feuillet	Coordonnées géographiques	
Kasuwekaukasich, Portage soit *le portage du sommet sablonneux*	32N/12	Latitude	Longitude
		51° 43'	77° 36'

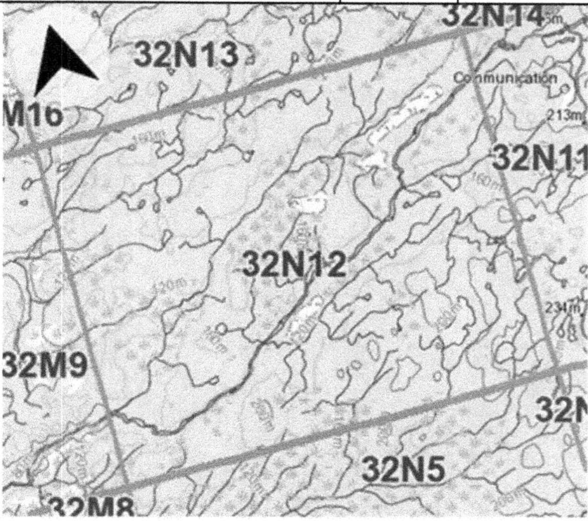

Figure 23 — Carte topographique : secteur 32N/12

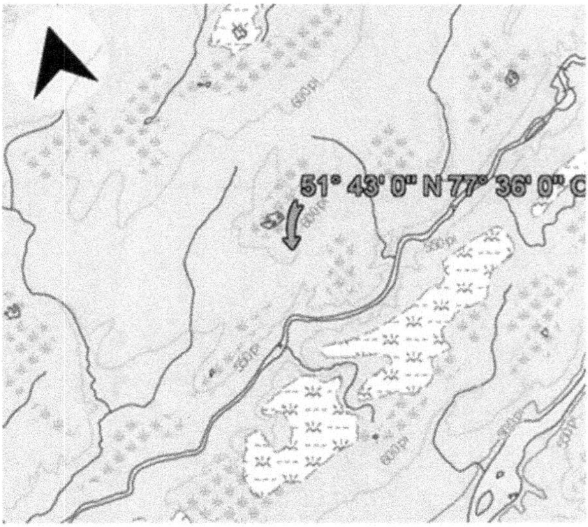

Figure 24 — Carte topographique des coordonnées du toponyme : *le portage du sommet sablonneux*

Toponyme	Feuillet	Coordonnées géographiques	
Kawaseyaukasu, Ruisseau soit *le ruisseau au sable blanc étincelant*	32O/04	Latitude	Longitude
		51° 10' 21"	75° 35' 25"

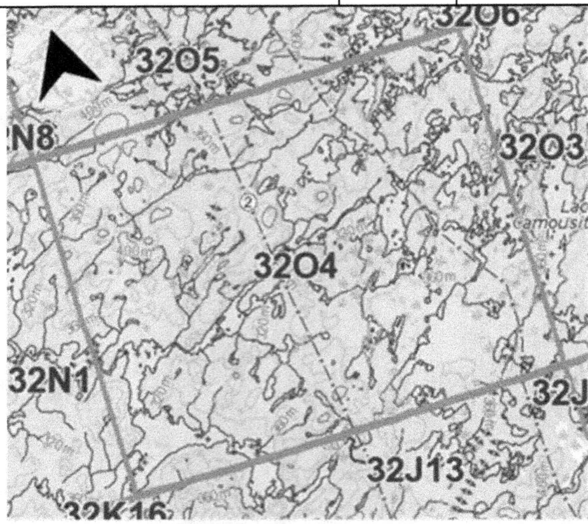

Figure 25 — Carte topographique : secteur 32O/04

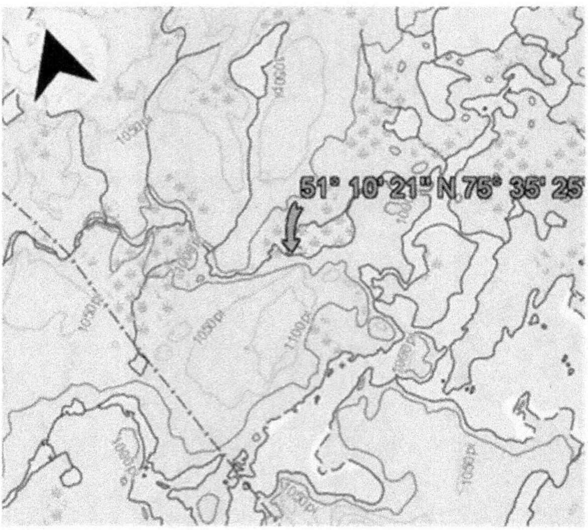

Figure 26 — Carte topographique des coordonnées du toponyme : *le ruisseau au sable blanc étincelant*

Toponyme	Feuillet	Coordonnées géographiques	
		Latitude	Longitude
Kawasitauchitin, Lac soit *le lac au sable brillant (?)*	33F/01	53° 14'	76° 04'

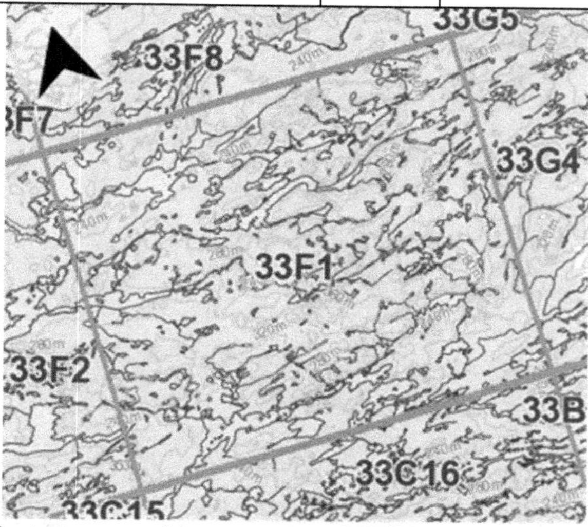

Figure 27 — Carte topographique : secteur 33F/01

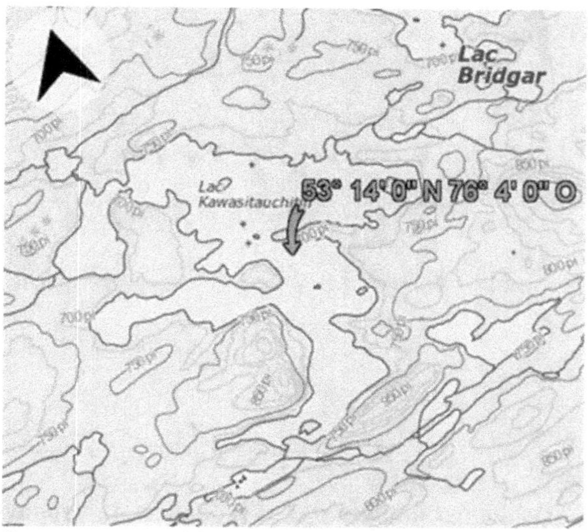

Figure 28 — Carte topographique des coordonnées du toponyme : *le lac au sable brillant (?)*

Toponyme	Feuillet	Coordonnées géographiques	
		Latitude	Longitude
Mine-Opémisca soit *les rétrécis sablonneux*	32G/15	49° 47'	74° 51'

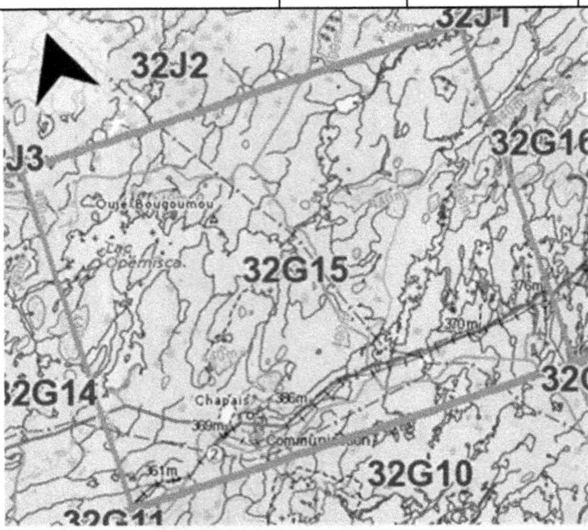

Figure 29 — Carte topographique : secteur 32G/15

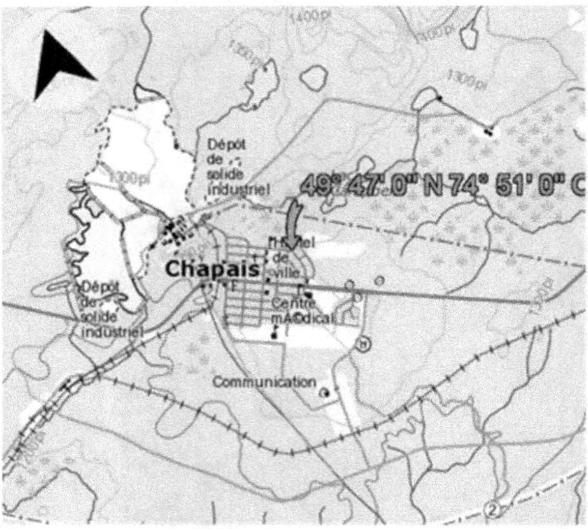

Figure 30 — Carte topographique des coordonnées du toponyme : *le lac au sable brillant (?)*

Toponyme	Feuillet	Coordonnées géographiques	
Mistaukau Sakahikan soit *le lac de la grande étendue de sable*	32L/01	Latitude	Longitude
		50° 08'	78° 19'

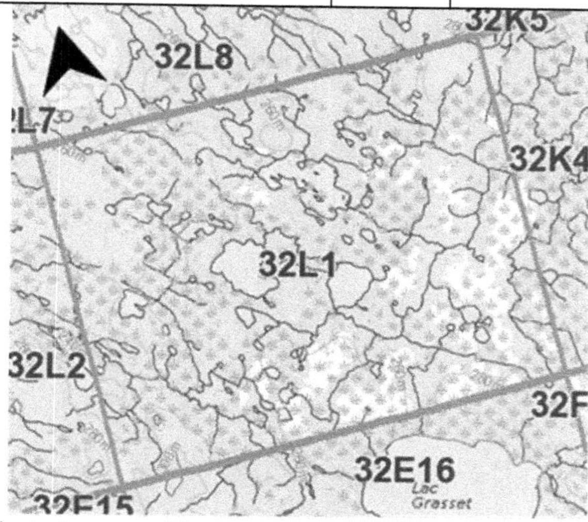

Figure 31 — Carte topographique : secteur 32L/01

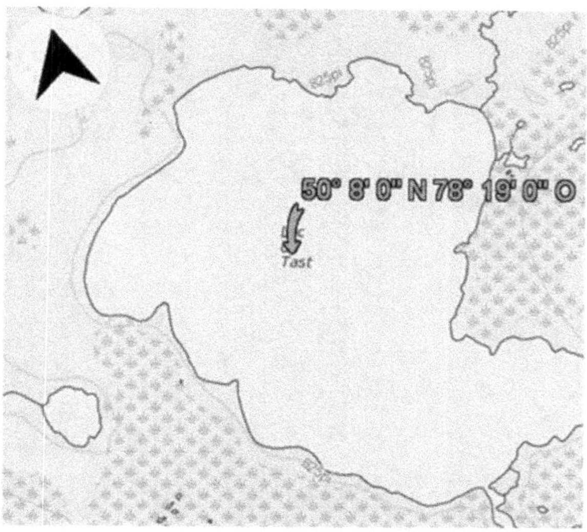

Figure 32 — Carte topographique des coordonnées du toponyme : *le lac de la grande étendue de sable*

Occurrences toponymiques avec les unités lexicales
« brillant, argenté, miroitant »

Sept occurrences

Tableau 2.5 – Toponymes descriptifs formés avec les unités lexicales : brillant, argenté, miroitant (7 occurrences)						
		Toponyme	*Signification*	*Feuillet*	*Latitude*	*Longitude*
11	**26**	Kawaseyapiskau, Lac	Le lac au rocher brillant	32K/12	50° 37'	77° 36'
13	**28**	Kawashapischeshich, Colline	Le rocher aux reflets brillants	32M/01	51° 03'	78° 25'
14	**29**	Kawashekamach, Lac	Le lac aux eaux miroitantes	32O/12	51° 32' 15"	75° 35' 05"
15	**30**	Kawasikusu	Le lac où on peut apercevoir quelque chose d'argenté dans l'eau	33N/02	55° 03'	76° 51'
17	**32**	Kawayasakamikaw, Lac	Le lac brillant	33B/13	52° 49'	75° 38'
27	**44**	Satayaw, Ruisseau	Le ruisseau où c'est brillant	33M/01	55° 09'	78° 07'
28	**45**	Satayaw Sakahikan	Le lac où c'est brillant	33M/01	55° 05'	78° 07'
Légende : les chiffres indiqués dans la première colonne correspondent à l'ordre numérique croissant des toponymes du tableau ; les chiffres de la deuxième colonne renvoient à la numérotation globale qui avait été donnée à l'ensemble des toponymes descriptifs de type géologique et qui a été reportée sur les cartes géographiques et lithologiques.						

Dans la série de toponymes présentés dans le tableau 2.5, nous trouvons les termes « brillant », « miroitant » et « argenté » renvoyant à un aspect de la roche sur le sol ou dans l'eau et qui correspond au processus suivant : « Lorsque la lumière du soleil frappe un objet, un être, ou un minéral, une partie de cette lumière (certaines fréquences ou longueurs d'onde) est absorbée ou transmise, et les autres ondes lumineuses sont réémises » (Abréal, 2002, p. 3). Certaines roches comme les micas possèdent cet aspect. Dans un article de 2010, Deferne fait une classification des minéraux en prenant en compte leurs caractéristiques, dont la couleur ; nous avons recensé quelques minéraux renvoyant à des termes comme « brillant » ainsi que « métallique », ce dernier adjectif étant corrélé au mot « brillant » (*cf.* tableau 2.6).

Tableau 2.6 – Quelques types de minéraux avec les mentions : brillant, miroitant et argenté

Minéral	*Description et types de gisement*
Classe des Sulfures de semi-métaux ***Stibine***	Prismes allongés à aciculaires, souvent striés. Gris à ***éclat métallique, brillant***. (Deferne, 2010, p. 19)
Berthierite	Prismes striés verticalement, mouchets fibro-radiés, masse fibreuse. Gris foncé, ***éclat métallique***.
Bismuthinite	Agrégats lamellaires, masse clivable. Gris de plomb à blanc, ***éclat métallique***, reflets jaunâtres.
Groupe de l'épidote ***Épidote***	Prismes longs. Vert jaune à vert foncé, noir. Éclat vitreux, ***brillant***. Dans les roches métamorphiques.

Toponyme	Feuillet	Coordonnées géographiques	
		Latitude	Longitude
Kawaseyapiskau, Lac soit *le lac au rocher brillant*	32K/12	50° 37'	77° 36'

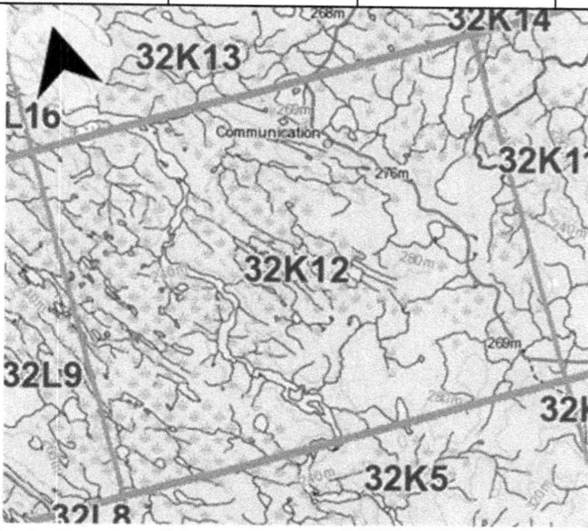

Figure 33 — Carte topographique : secteur 32K/12

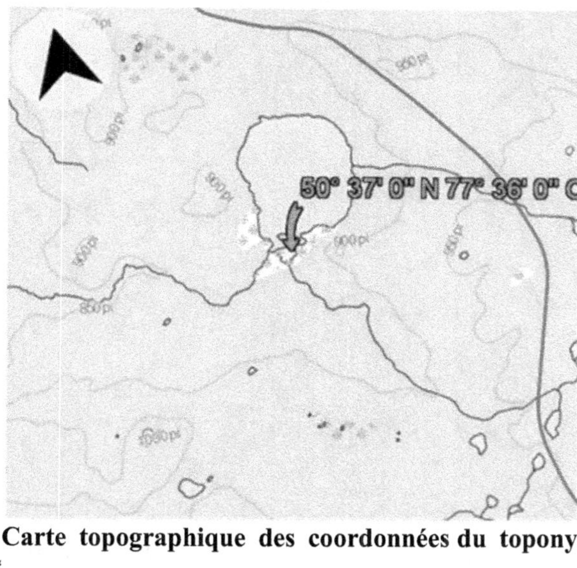

Figure 34 — Carte topographique des coordonnées du toponyme : *le lac au rocher brillant*

Toponyme	Feuillet	Coordonnées géographiques	
Kawashapischeshich, Colline, soit *le rocher aux reflets brillants*	32M/01	Latitude	Longitude
		51° 03'	78° 25'

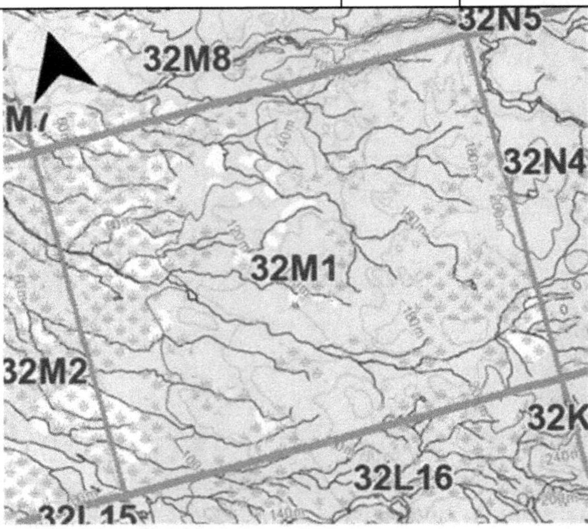

Figure 35 — Carte topographique : secteur 32M/01

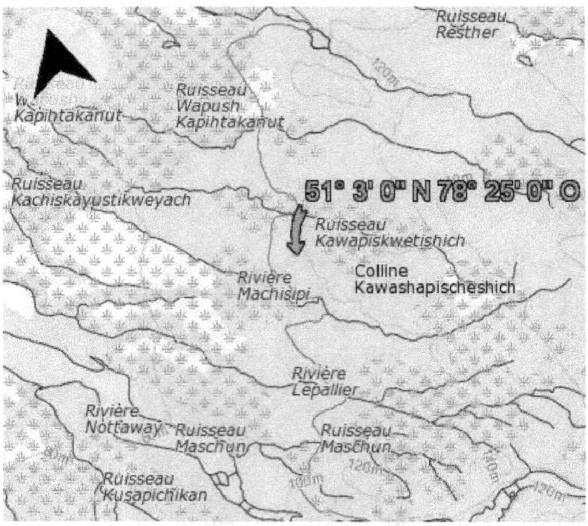

Figure 36 — Carte topographique des coordonnées du toponyme : *le rocher aux reflets brillants*

Toponyme	Feuillet	Coordonnées géographiques	
		Latitude	Longitude
Kawashekamach, Lac soit *le lac aux eaux miroitantes*	32O/12	51° 32' 15"	75° 35' 05"

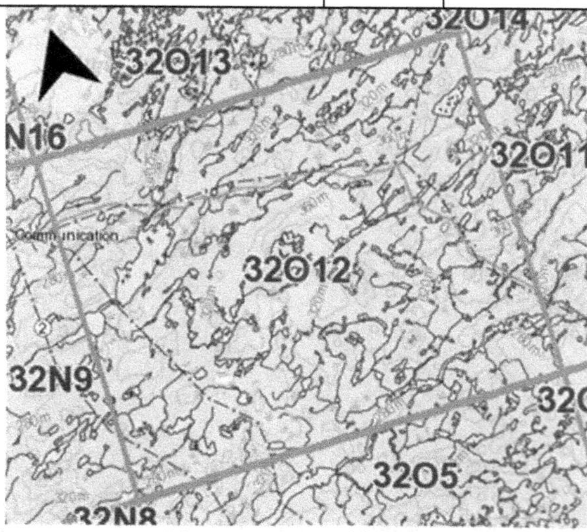

Figure 37 — Carte topographique : secteur 32O/12

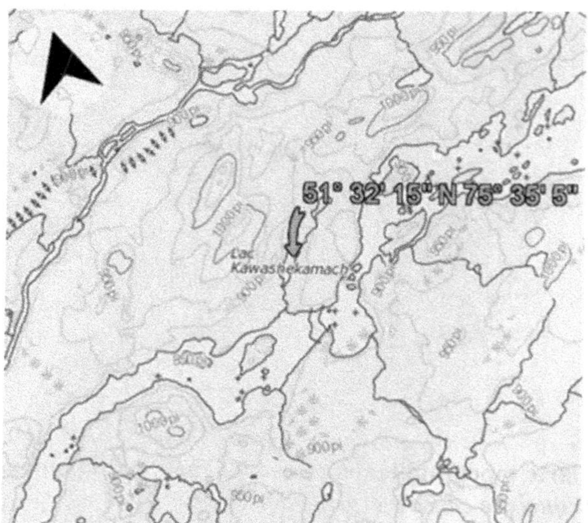

Figure 38 — Carte topographique des coordonnées du toponyme : *eaux miroitantes*

Toponyme	Feuillet	Coordonnées géographiques	
		Latitude	Longitude
Kawasikusu soit *le lac où on peut apercevoir quelque chose d'argenté dans l'eau*	33N/02	55° 03'	76° 51'

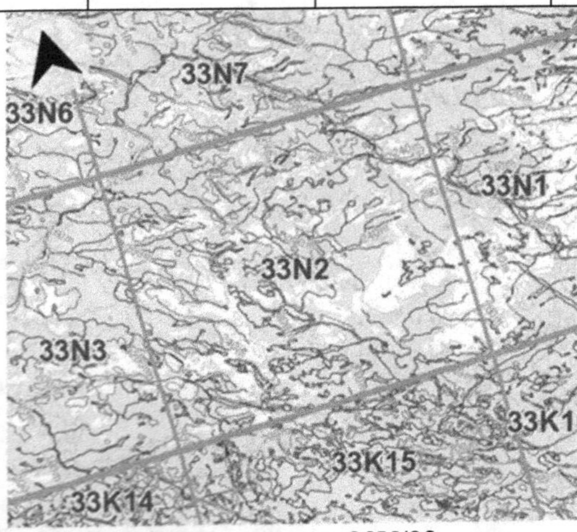

e 39 — Carte topographique : secteur 33N/02

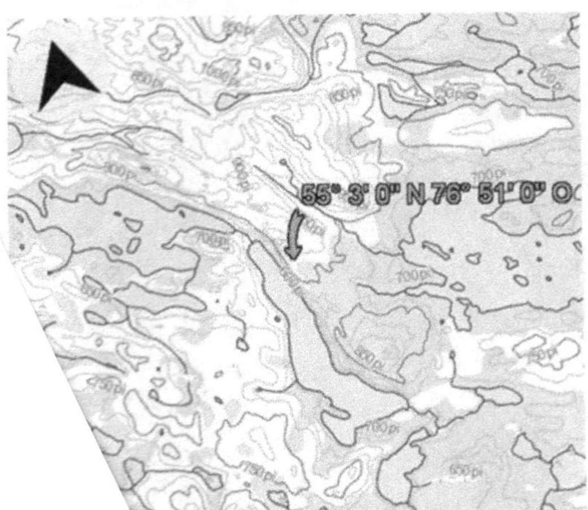

phique des coordonnées du toponyme : *le lac où on*
d'argenté dans l'eau

e lac aux

Toponyme	Feuillet	Coordonnées géographiques	
		Latitude	Longitude
Kawayasakamikaw, Lac soit *le lac brillant*	33B/13	52° 49'	75° 38'

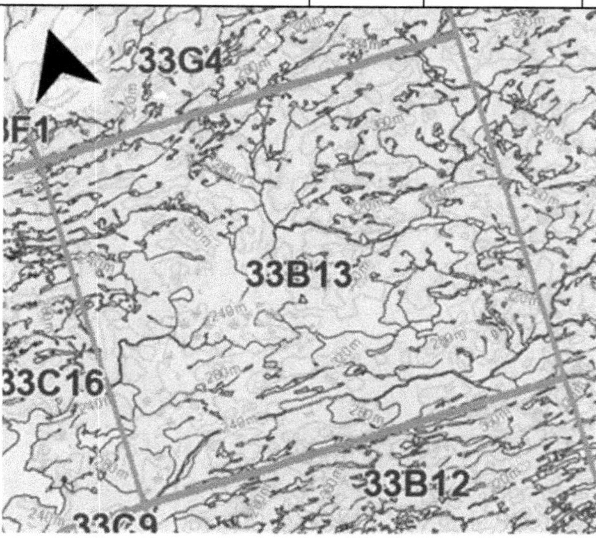

Figure 41 — Carte topographique : secteur 33B/13

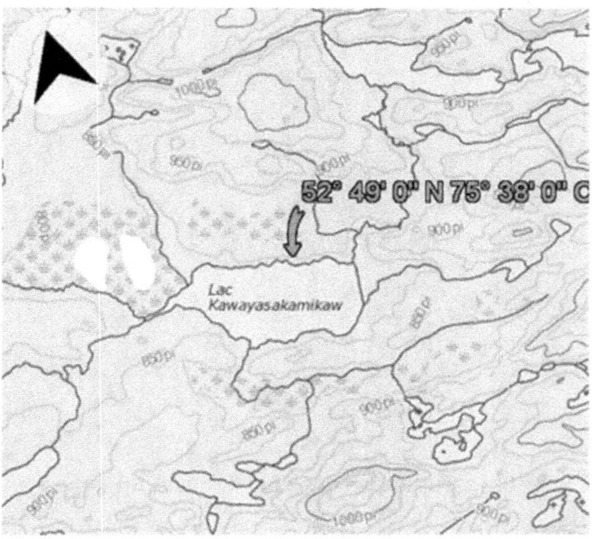

Figure 42 — Carte topographique des coordonnées du toponyme : *le lac brillant*

Toponyme	Feuillet	Coordonnées géographiques	
		Latitude	Longitude
Satayaw, Ruisseau soit *le ruisseau où c'est brillant*	33M/01	55° 09'	78° 07'

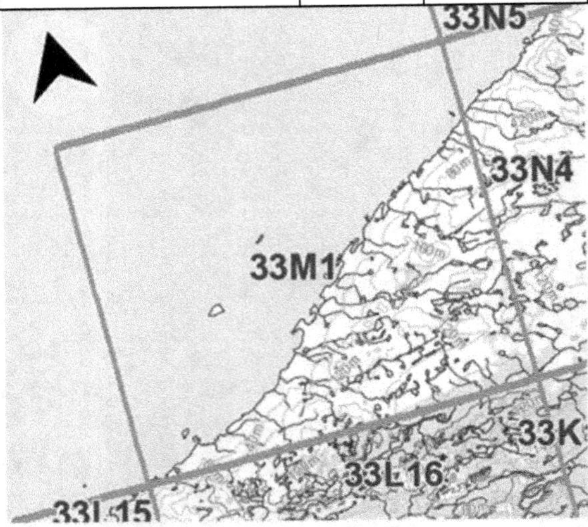

Figure 43 — Carte topographique : secteur 33M/01

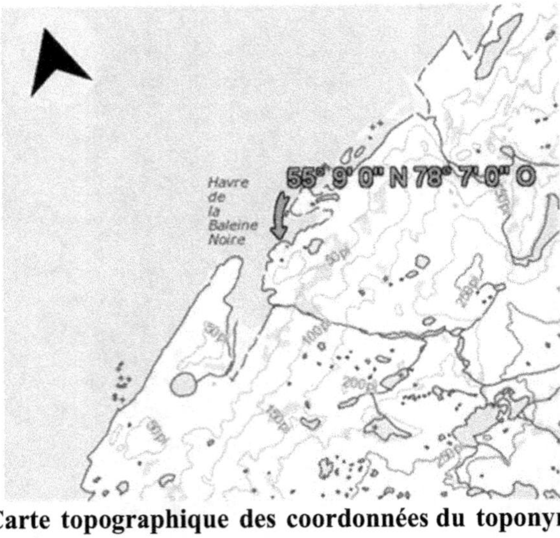

Figure 44 — Carte topographique des coordonnées du toponyme : le ruisseau où c'est brillant

Toponyme	Feuillet	Coordonnées géographiques	
		Latitude	Longitude
Satayaw Sakahikan soit *le lac où c'est brillant*	33M/01	55° 05'	78° 07'

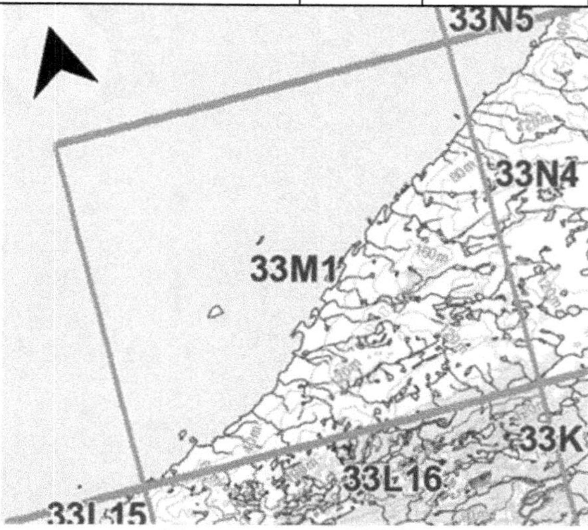

Figure 45 — Carte topographique : secteur 33M/01

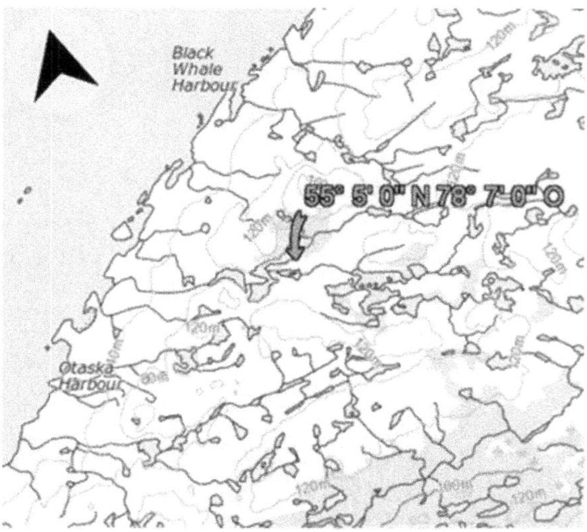

Figure 46 — Carte topographique des coordonnées du toponyme : *le lac où c'est brillant*

Occurrences toponymiques avec l'unité lexicale « noir »

Six occurrences

Tableau 2.7 – Toponymes descriptifs formés avec l'unité lexicale : « noir » (6 occurrences)

		Toponyme	*Signification*	*Feuillet*	*Latitude*	*Longi-tude*
18	**33**	Kawipapiskastikw	La rivière de la roche noire	33D/10	52° 41'	78° 44'
19	**34**	Kawipapiskaw, Baie	La baie de la roche noire	33D/10	52° 43'	78° 47'
20	**35**	Kawipapiskaw, Lac	Le lac de la roche noire	33D/10	52° 43'	78° 41'
21	**36**	Kawipinagasse, Île	l'île noire (?)	32I/05	50° 29'	73° 51'
22	**37**	Makatewakamisti kw, Bras	La rivière aux eaux noires	32N/02	51° 14'	76° 57'
23	**38**	Makatewakamu, Lac	La rivière aux eaux noires	32N/02	51° 08'	76° 37'

Légende : les chiffres indiqués dans la première colonne correspondent à l'ordre numérique croissant des toponymes du tableau ; les chiffres de la deuxième colonne renvoient à la numérotation globale qui avait été donnée à l'ensemble des toponymes descriptifs de type géologique et qui a été reportée sur les cartes géographiques et lithologiques.

Ainsi que le mentionne Abréal : « La présence de carbone en fine dispersion, soit amorphe, soit sous la forme de ***graphite***, peut-être la cause de nuances de gris au ***noir*** pour certains minéraux » (2002, p. 22). Certains minéraux comme les cuivres gris peuvent également présenter cette couleur comme l'***énargite*** dont la couleur varie du « [...] ***noir*** à gris acier. Éclat métallique à la cassure » (Deferne, 2010, p. 20).

Toponyme	Feuillet	Coordonnées géographiques	
		Latitude	Longitude
Kawipapiskastikw soit *la rivière de la roche noire*	33D/10	52° 41'	78° 44'

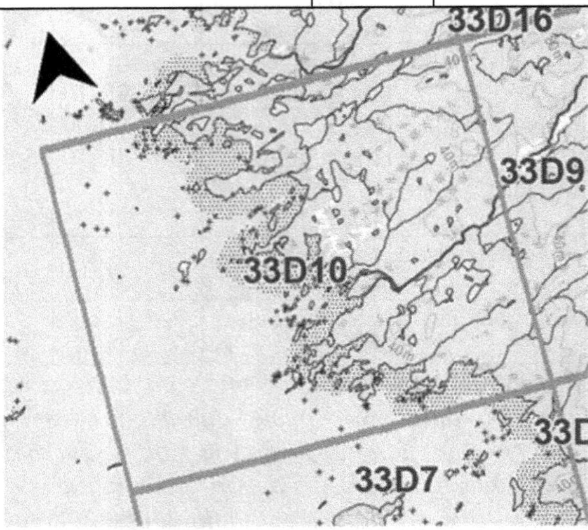

Figure 47 — Carte topographique : secteur 33D/10

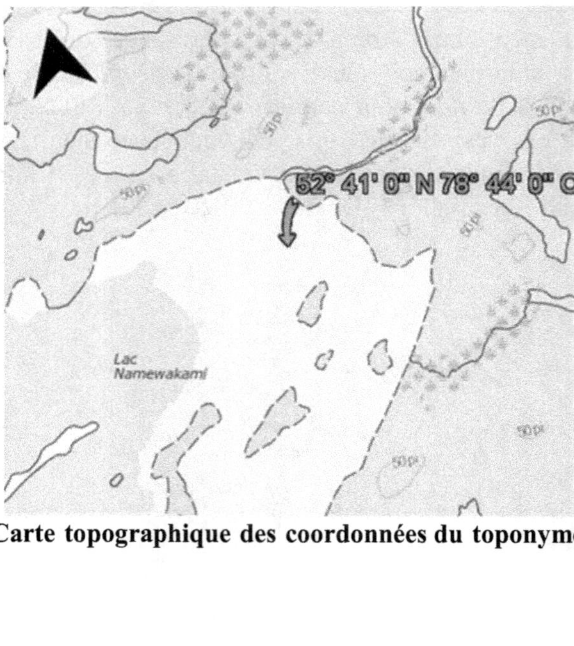

Figure 48 — Carte topographique des coordonnées du toponyme : *la rivière de la roche noire*

<table>
<tr><th rowspan="2">Toponyme</th><th rowspan="2">Feuillet</th><th colspan="2">Coordonnées géographiques</th></tr>
<tr></tr>
<tr><td rowspan="2">Kawipapiskaw, Baie soit la baie de la roche noire</td><td rowspan="2">33D/10</td><td>Latitude</td><td>Longitude</td></tr>
<tr><td>52° 43'</td><td>78° 47'</td></tr>
</table>

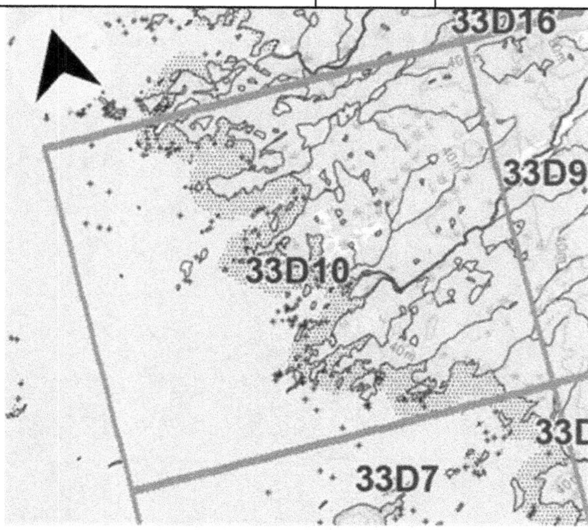

Figure 49 — Carte topographique : secteur 33D/10

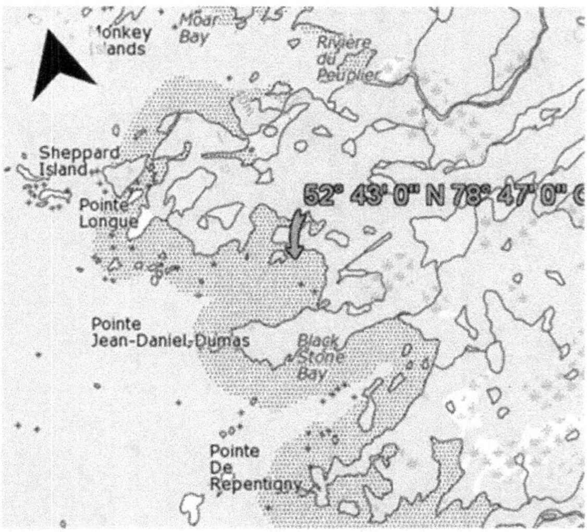

Figure 50 — Carte topographique des coordonnées du toponyme : *la baie de la roche noire*

Toponyme	Feuillet	Coordonnées géographiques	
Kawipapiskaw, Lac soit *le lac de la roche noire*	33D/10	Latitude	Longitude
		52° 43'	78° 41'

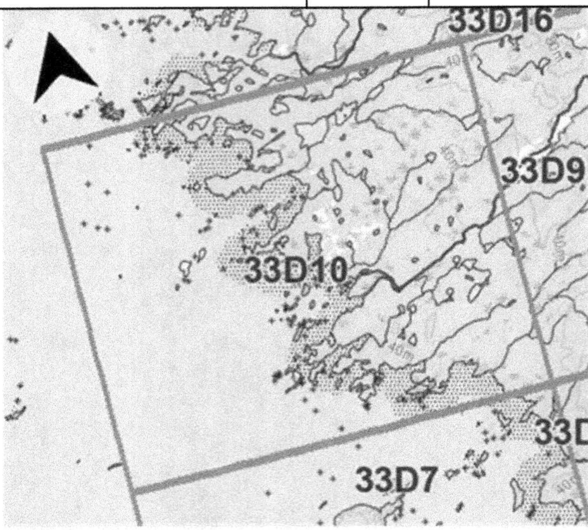

Figure 51 — Carte topographique : secteur 33D/10

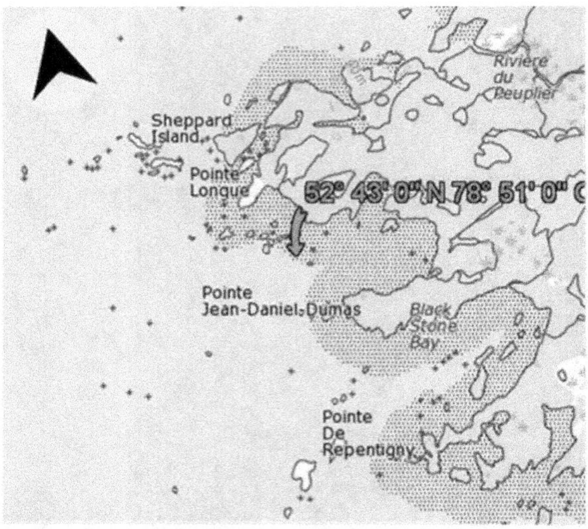

Figure 52 — Carte topographique des coordonnées du toponyme : *le lac de la roche noire*

Toponyme	Feuillet	Coordonnées géographiques	
Kawipinagasse, Île soit *l'île noire (?)*	32I/05	Latitude	Longitude
		50° 29'	73° 51'

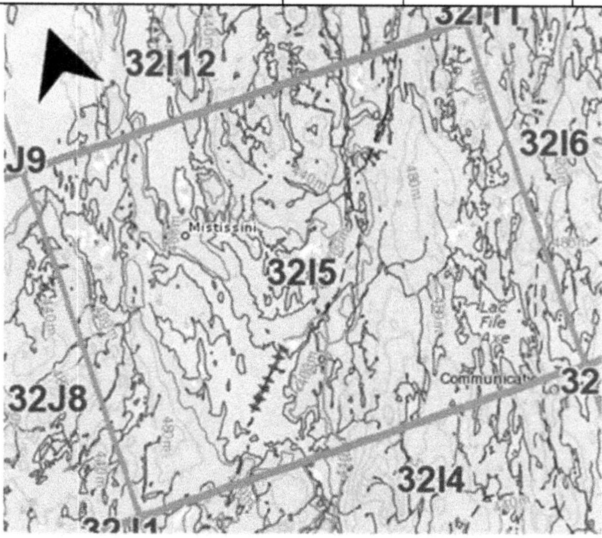

Figure 53 — Carte topographique : secteur 32I/05

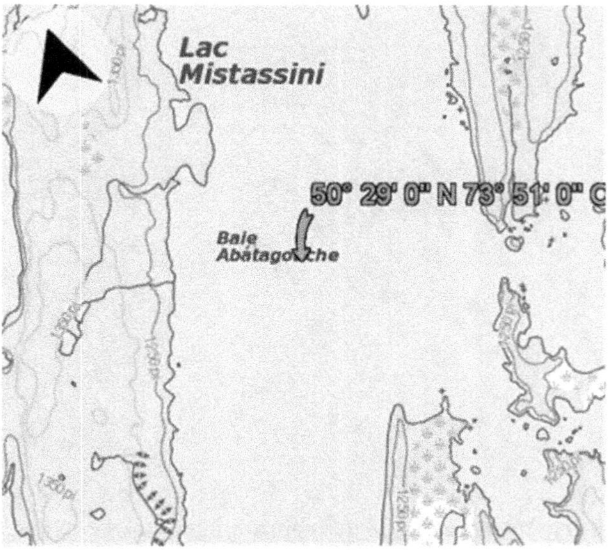

Figure 54 — Carte topographique des coordonnées du toponyme : *l'île noire (?)*

Toponyme	Feuillet	Coordonnées géographiques	
Makatewakamistikw, Bras soit *la rivière aux eaux noires*	32N/02	Latitude	Longitude
		51° 14'	76° 57'

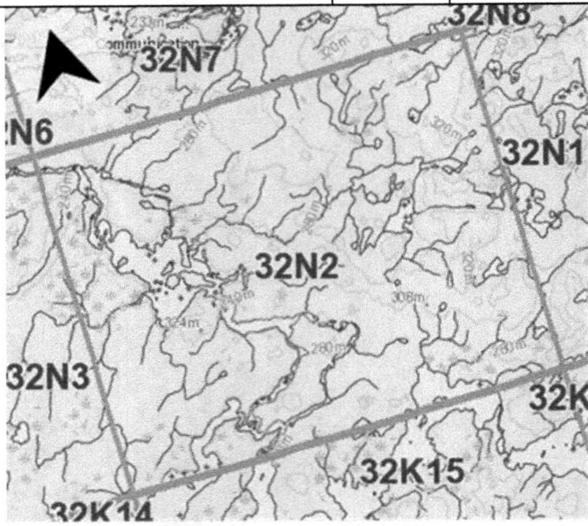

Figure 55 — Carte topographique : secteur 32N/02

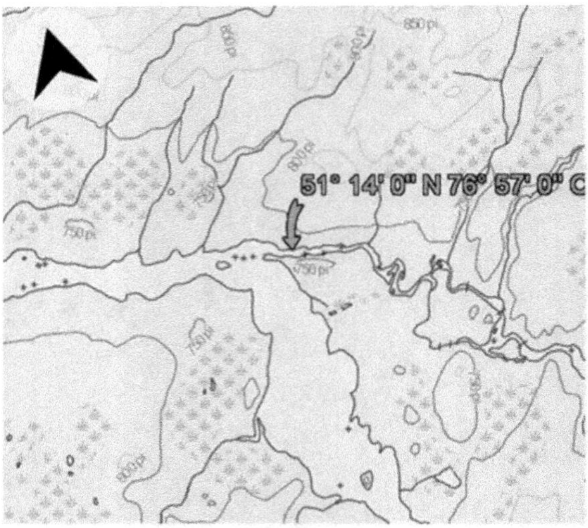

Figure 56 — Carte topographique des coordonnées du toponyme : *la rivière aux eaux noires*

Toponyme	Feuillet	Coordonnées géographiques	
		Latitude	Longitude
Makatewakamu, Lac soit *la rivière aux eaux noires*	32N/02	51° 08'	76° 37'

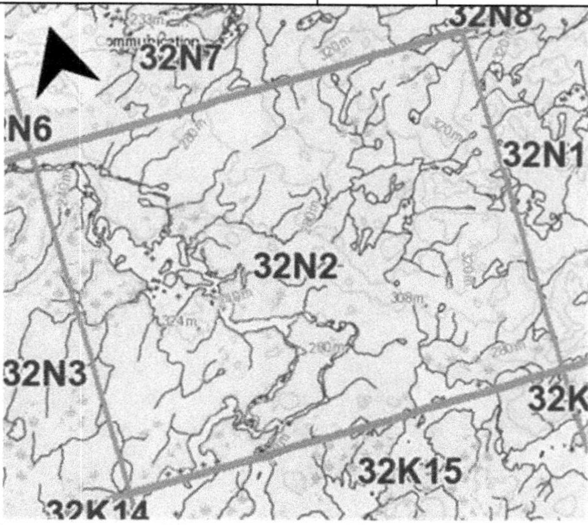

Figure 57 — Carte topographique : secteur 32N/02

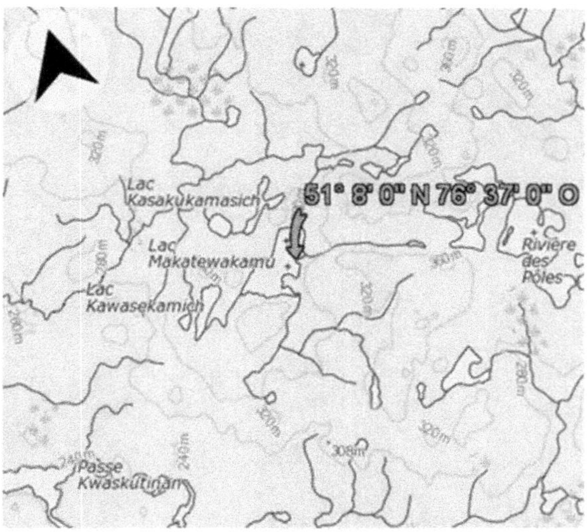

Figure 58 — Carte topographique des coordonnées du toponyme : *la rivière aux eaux noires*

Occurrences toponymiques diverses
« La pierre pour fabriquer des pipes »
Mine-Québec-Chibougamau

Deux occurrences

Tableau 2.8 – Toponymes descriptifs formés avec l'unité lexicale : « pierre pour fabriquer les pipes » (1 occurrence)

		Toponyme	*Signification*	*Feuillet*	*Latitude*	*Longitude*
30	**53**	Uspwakanasini Aytach, Îles	Les îles où il y a la pierre pour fabriquer des pipes	33D/10	52° 44'	78° 52'

Légende : les chiffres indiqués dans la première colonne correspondent à l'ordre numérique croissant des toponymes du tableau ; les chiffres de la deuxième colonne renvoient à la numérotation globale qui avait été donnée à l'ensemble des toponymes descriptifs de type géologique et qui a été reportée sur les cartes géographiques et lithologiques.

Le toponyme ci-dessus renvoie à des pratiques sociales telles celle de fumer à l'aide d'artefacts divers comme la pipe, le calumet, etc. Les peuples autochtones associaient cette pratique à des rituels en relation avec leur paradigme divin. Les pipes ou calumets étaient faits en terre ou encore à partir de pierres diverses prélevées dans leur environnement comme la pierre stéatite noire, grise ou verte, ou la catlinite, pierre marron-rouge.

Par ailleurs, dans un ouvrage dédié à l'histoire du tabac, Ferland et *al.* mentionnent : « À proximité de la chute Montmorency, ainsi que dans la grande rivière des Outaouais, existent des gisements d'une pierre jaunâtre à l'extérieur et blanchâtre à l'intérieur (…) une espèce d'albâtre ou marbre blanc tendre, dont on fait les calumets" » (2007, p. 99).

Toponyme	Feuillet	Coordonnées géographiques	
		Latitude	Longitude
Uspwakanasini Aytach, Îles soit *les îles où il y a la pierre pour fabriquer des pipes*	33D/10	52° 44'	78° 52'

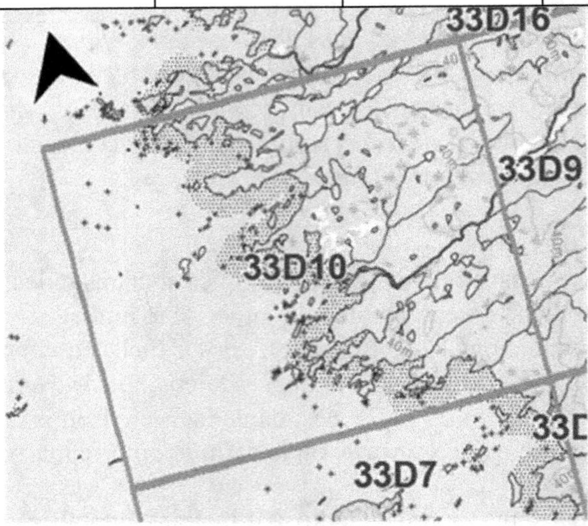

Figure 60 — Carte topographique : secteur 33D/10

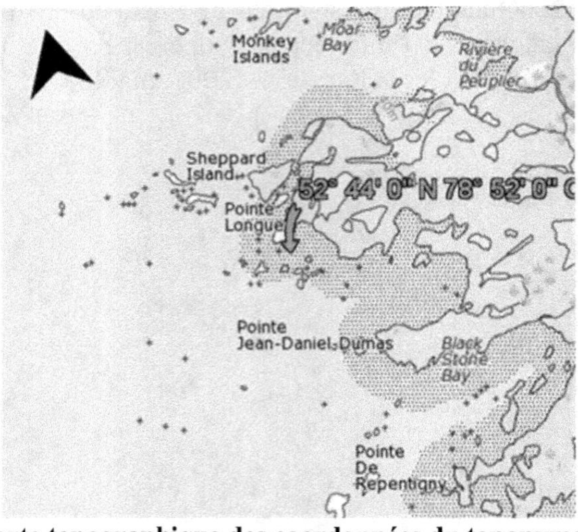

Figure 61 — Carte topographique des coordonnées du toponyme : ***les îles où il y a la pierre pour fabriquer des pipes***

Tableau 2.9 – Toponyme renvoyant peut-être à une exploitation minière (1 occurrence)

		Toponyme	*Signification*	*Feuillet*	*Latitude*	*Longitude*
25	**40**	Mine-Québec-Chibougamau	Lieu de rencontre	32G/16	49° 53'	74° 18'

Légende : les chiffres indiqués dans la première colonne correspondent à l'ordre numérique croissant des toponymes du tableau ; les chiffres de la deuxième colonne renvoient à la numérotation globale qui avait été donnée à l'ensemble des toponymes descriptifs de type géologique et qui a été reportée sur les cartes géographiques et lithologiques.

Toponyme	Feuillet	Coordonnées géographiques	
		Latitude	Longitude
Mine-Québec-Chibougamau soit *lieu de rencontre*	32G/16	49° 53'	74° 18'

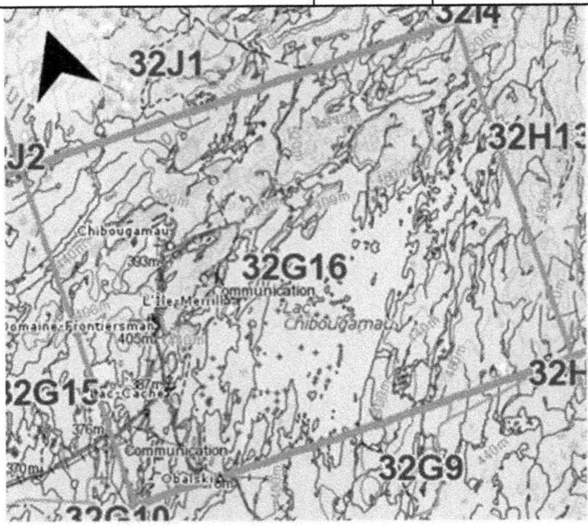

Figure 62 — Carte topographique : secteur 32G/16

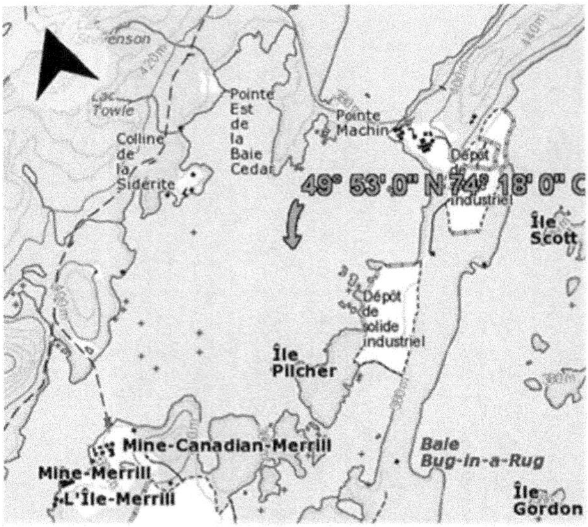

Figure 63 — Carte topographique des coordonnées du toponyme : *lieu de rencontre*

2.2 Conclusion

Les populations autochtones dans la province du Québec sont fort diverses : Inuit, Abénaquis, Algonquins, Attikameks, Cris, Micmacs, Montagnais, Naskapis, Hurons et Mohawks. Un ouvrage dédié aux Amérindiens en montre la diversité (Simard et *al.*, 2011). Les langues parlées au sein de ces groupes sont à leur image et reflètent une grande variété comme nous pouvons le voir dans le tableau 2.10.

Tableau 2.10 – Premières nations et langues parlées

Nations	*Langues parlées (par ordre d'importance)*
Abénaquis	Anglais ***Abénaquis*** (peu)
Algonquins	***Algonquin*** Anglais ou français
Attikameks	***Attikamek*** Français
Cris	***Cri*** Anglais Français
Innus	***Innu*** Français
Malécites	Français Anglais ***Malécite*** (peu)
Micmacs	***Micmac*** Anglais (Listuguj et Gesgapegiag) Français (Gaspé)
Naskapis	***Naskapi*** Anglais

Source : Simard et al., 2011, p. 14.

Pratiquant le nomadisme, ces groupes ont donné des noms de lieux aux différents endroits où ils chassaient, pêchaient, pratiquaient leurs activités, qu'elles fussent cultuelles ou autres. Ces toponymes ont fait l'objet d'études et de recensement de la part de la Commission de toponymie du Québec.

Enfin, une étude axée sur les sites archéologiques des Premières Nations a permis de repérer les différentes roches ayant servi à la fabrication d'artefacts comme des calumets, colliers, armes et outils divers. Ainsi que le mentionnent Vallières et Turcotte :

> Des milliers d'artefacts et d'outils confectionnés en os, en andouiller et en pierre recueillis sur plusieurs sites archéologiques de la Baie-James et dans l'arrière-pays indiquent une occupation continue par les Cris du Québec. En outre, l'origine de ces artefacts lithiques (***quartz***, ***quartzite de Mistassini***, ***chet de Ramah***, etc.) témoigne également des réseaux d'échanges et des contacts avec d'autres nations de cette époque : Algonquins, Wendats, Iroquois, Attikameks, Innus, Naskapis et Inuits (2003, p. 4).

Ces auteurs précisent également :

> D'après les plus récentes recherches en archéologie préhistorique, des artefacts très anciens retrouvés aux abords du poste de traite de Fort Mackenzie, situé au sud de Kuujjuaq, indiquent une présence datant de 3 400 ans. Ainsi, selon l'archéologue David Denton (1994), la région du réservoir de Caniapiscau, en particulier les rives du lac Canichico, présente de nombreux ***artefacts lithiques préhistoriques*** (*ibid*., p. 3).

Dans un autre ouvrage dédié à la toponymie algonquine, Vallières et *al.* mentionnent : « Le ministère de la Culture et des Communications du Québec possède un répertoire de plus de ***200 sites archéologiques*** pour l'ensemble du territoire ***témiscabitibien***. Ces sites sont localisés sur un territoire d'environ 1 200 km2 autour de ***Rouyn-Noranda*** » (1999, p. 3).

CHAPITRE III

En association avec les feuillets *SNRC*, étude de la toponymie et des ressources géologiques avec les unités lexicales :

blanc, argile, sable, brillant, noir, pierre à fabriquer les pipes

3.1 Introduction

Dans ce présent dossier, l'étude portera sur les caractéristiques descriptives suivantes :

- blanche (laiteuse) ;
- argile ;
- sablonneux ;
- brillant ;
- sable blanc étincelant ;
- reflets brillants ;
- eaux miroitantes ;
- argenté dans l'eau ;
- noire ;
- sable ;
- les îles où il y a la pierre pour fabriquer des pipes

Nous adjoindrons une carte au 1/ 300 000e à chacune des occurrences toponymiques repérées ; elle sera corrélée à son feuillet *SNRC*. Cette carte sera suivie de la liste des unités lithologiques présentes dans ce secteur ainsi que de celles existant à l'endroit où est situé le toponyme.

Tableau 3.1 – Toponymes descriptifs de type géologique du peuple autochtone Cri (31 occurrences)

		Toponyme	*Signification*	*Feuillet*	*Latitude*	*Longitude*
1	**8**	Awapakamich, Lac	Le lac à l'eau blanche (laiteuse)	33G/14	53° 46'	75° 16'
2	**9**	Awapakamich, Lac	Le lac à l'eau blanche (laiteuse)	33F/10	53° 34'	76° 50'
3	**10**	Awapakamich, Passe	La passe à l'eau blanche (laiteuse)	33F/10	53° 35'	76° 41'
4	**12**	Chischukash Ruisseau	Le ruisseau de la petite argile	32M/08	51° 20'	78° 26'
5	**13**	Chischukash	Le ruisseau de la petite argile	32M/15	51° 59'	78° 42'
6	**14**	Echiskaputuniskach, Pointe	La pointe de la falaise d'argile	32M/07	51 °29'	78° 41'

7	**15**	Ewashischukach	Le ruisseau de la baie argileuse	32M/11	51° 31'	79° 14'
8	**16**	Kachuchusinapuwa-kamich, Ruisseau	Le ruisseau aux eaux laiteuses	32N/16	51° 47'	76° 23'
9	**24**	Kasuwekaukasich, Portage	Le portage du sommet sablonneux	32N/12	51° 43'	77° 36'
10	**25**	Kawapakamich	Les lacs blancs	33F/08	53° 27'	76° 22'
11	**26**	Kawaseyapiskau, Lac	Le lac au rocher brillant	32K/12	50° 37'	77° 36'
12	**27**	Kawaseyaukasu, Ruisseau	Le ruisseau au sable blanc étincelant	32O/04	51° 10' 21"	75° 35' 25"
13	**28**	Kawashapischeshich, Colline	Le rocher aux reflets brillants	32M/01	51° 03'	78° 25'
14	**29**	Kawashekamach, Lac	Le lac aux eaux miroitantes	32O/12	51° 32' 15"	75° 35' 05"
15	**30**	Kawasikusu	Le lac où on peut apercevoir quelque chose d'argenté dans l'eau	33N/02	55° 03'	76° 51'
16	**31**	Kawasitauchitin, Lac	Le lac au sable brillant (?)	33F/01	53° 14'	76° 04'
17	**32**	Kawayasakamikaw, Lac	Le lac brillant	33B/13	52° 49'	75° 38'
18	**33**	Kawipapiskastikw	La rivière de la roche noire	33D/10	52° 41'	78° 44'
19	**34**	Kawipapiskaw, Baie	La baie de la roche noire	33D/10	52° 43'	78° 47'
20	**35**	Kawipapiskaw, Lac	Le lac de la roche noire	33D/10	52° 43'	78° 41'
21	**36**	Kawipinagasse, Île	L'île noire (?)	32I/05	50° 29'	73° 51'
22	**37**	Makatewakamistikw, Bras	La rivière aux eaux	32N/02	51° 14'	76° 57'

			noires			
23	**38**	Makatewakamu, Lac	La rivière aux eaux noires	32N/02	51° 08'	76° 37'
24	**39**	Mine-Opémisca	Les rétrécis sablonneux	32G/15	49° 47'	74° 51'
25	**40**	Mine-Québec-Chibougamau	Lieu de rencontre	32G/16	49° 53'	74° 18'
26	**41**	Mistaukau Sakahikan	Le lac de la grande étendue de sable	32L/01	50° 08'	78° 19'
27	**44**	Satayaw, Ruisseau	Le ruisseau où c'est brillant	33M/01	55° 09'	78° 07'
28	**45**	Satayaw Sakahikan	Le lac où c'est brillant	33M/01	55° 05'	78° 07'
29	**53**	Uspwakanasini Aytach, Îles	Les îles où il y a la pierre pour fabriquer des pipes	33D/10	52° 44'	78° 52'
30	**60**	Wiyapiskuchi, Mont	Le mont du rocher blanc	33P/15	55° 53'	72° 49'
31	**61**	Wiywapiskuchi	La montagne où il y a un rocher blanc	33P/10	55° 45'	72° 50'

Légende : les chiffres indiqués dans la première colonne correspondent à l'ordre numérique croissant des toponymes du tableau ; les chiffres de la deuxième colonne renvoient à la numérotation globale qui avait été donnée à l'ensemble des toponymes descriptifs de type géologique et qui a été reportée sur les cartes géographiques et lithologiques.

Toponymes associés aux feuillets SNRC avec les unités lexicales « blanc – laiteux »

Sept occurrences

Tableau 3.2 – Toponymes descriptifs formés avec les unités lexicales : blanc – laiteux (7 occurrences)

		Toponyme	*Signification*	*Feuillet*	*Latitude*	*Longitude*
1	**8**	Awapakamich, Lac	Le lac à l'eau blanche (laiteuse)	33G/14	53° 46'	75° 16'
2	**9**	Awapakamich, Lac	Le lac à l'eau blanche (laiteuse)	33F/10	53° 34'	76° 50'
3	**10**	Awapakamich, Passe	La passe à l'eau blanche (laiteuse)	33F/10	53° 35'	76° 41'
8	**16**	Kachuchusinapu wakamich, Ruisseau	Le ruisseau aux eaux laiteuses	32N/16	51° 47'	76° 23'
10	**25**	Kawapakamich	Les lacs blancs	33F/08	53° 27'	76° 22'
30	**60**	Wiyapiskuchi, Mont	Le mont du rocher blanc	33P/15	55° 53'	72° 49'
31	**61**	Wiywapiskuchi	La montagne où il y a un rocher blanc	33P/10	55° 45'	72° 50'

Légende : les chiffres indiqués dans la première colonne correspondent à l'ordre numérique croissant des toponymes du tableau ; les chiffres de la deuxième colonne renvoient à la numérotation globale qui avait été donnée à l'ensemble des toponymes descriptifs de type géologique et qui a été reportée sur les cartes géographiques et lithologiques.

Selon Abréal « Le quartz pour ne citer que celui-ci peut être rencontré sous toute la gamme des couleurs ou presque : ***incolore***, ***blanc***, violet en tant qu'améthyste, bleu rarement, jaune orangé en tant que citrine, rouge hématoïde ou encore noir fumé ou morion » (2002, p. 1). Le groupe de quartz constitué de silice comprend : « le quartz, l'opale, ainsi que des minéraux plus rares comme la trydimite, la cristobalite, la coesite et la stishovite » (Schumann, 2010, p. 36). Dans la famille des roches carbonatées, nous trouvons le calcaire qui est, selon l'auteur précité, « une roche monominérale, formée essentiellement d'une seule espèce minérale, soit la calcite, qui peut atteindre des proportions de 95 % » (*ibid.*, p. 280). Sa présence dans l'eau pourrait donner à cette dernière une couleur ***laiteuse***.

Toponyme	Feuillet	Coordonnées géographiques	
		Latitude	Longitude
Awapakamich, Lac soit *le lac à l'eau blanche (laiteuse)*	33G/14	53° 46'	75°16 '

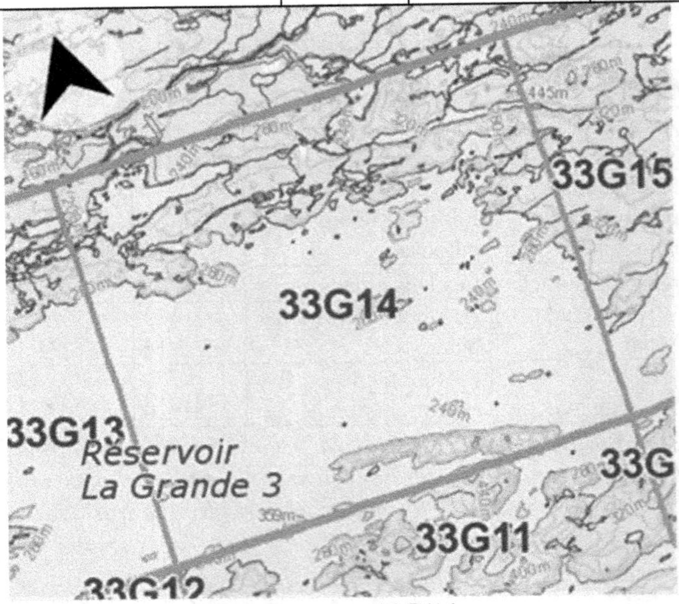

Figure 1 — Carte topographique : secteur 33G/14

Les unités lithologiques associées au secteur 33G/14 sont les suivantes :

9 : Granitoïdes pré- à syntectoniques: gneiss tonalitique et trondhjémitique; gneiss non subdivisé ; quantité mineure de diorite.

13 : Roches tonalitiques syn- à tarditectoniques : tonalite, trondhjémite et granodiorite ; quantité mineure de diorite et de monzodiorite.

14 : Roches granitiques syn- à tarditectoniques : granite, granodiorite, monzonite et syénite ; quantité mineure de diatexite.

18 : Arénite, conglomérat et mudrock (Formation de Sakami).

L'occurrence toponymique : *Le lac à l'eau blanche (laiteuse)*, est en relation avec les unités lithologiques **9, 13** et **14.**

Toponyme	Feuillet	Coordonnées géographiques	
		Latitude	Longitude
Awapakamich, Lac soit *le lac à l'eau blanche (laiteuse)*	33F/10	53° 34'	76° 50'

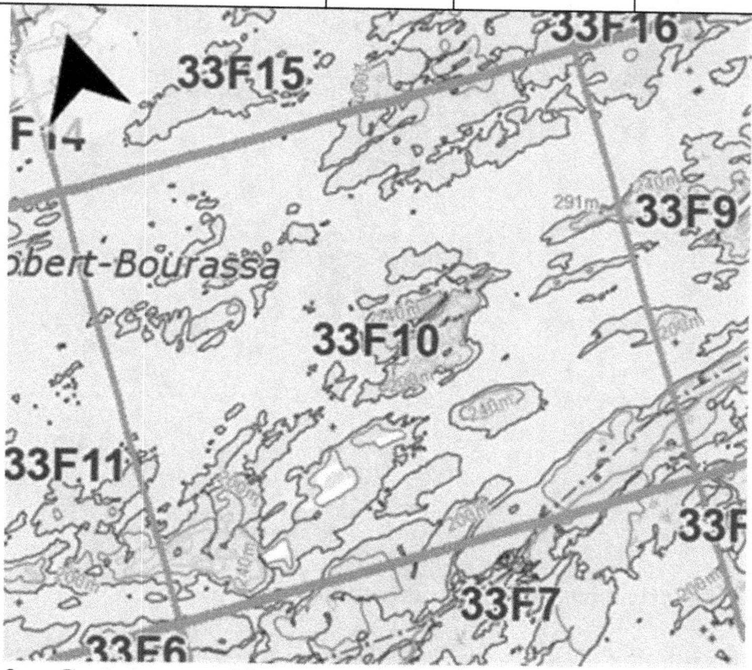

Figure 2 — Carte topographique : secteur 33F/10

Les unités lithologiques associées au secteur 33F/10 sont les suivantes :

2a : Amphibolite, métabasalte et gneiss mafique.

9 : Granitoïdes pré- à syntectoniques: gneiss tonalitique et trondhjémitique; gneiss non subdivisé; quantité mineure de diorite.

13 : Roches tonalitiques syn- à tarditectoniques : tonalite, trondhjémite et granodiorite ; quantité mineure de diorite et de monzodiorite.

18 : Arénite, conglomérat et mudrock (Formation de Sakami).

L'occurrence toponymique : *Le lac à l'eau blanche (laiteuse),* est en relation avec les unités lithologiques **13** et **18**.

Toponyme	Feuillet	Coordonnées géographiques	
		Latitude	Longitude
Awapakamich, Passe soit *la passe à l'eau blanche (laiteuse)*	33F/10	53° 35'	76° 41'

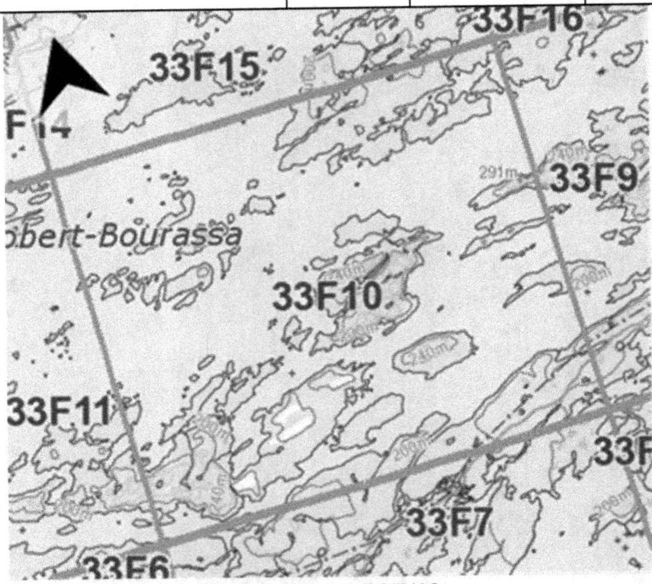

Figure 3 — Carte topographique : secteur 33F/10

Les unités lithologiques associées au secteur 33F/10 sont les suivantes :

2a : Amphibolite, métabasalte et gneiss mafique.

9 : Granitoïdes pré- à syntectoniques: gneiss tonalitique et trondhjémitique ; gneiss non subdivisé ; quantité mineure de diorite.

13 : Roches tonalitiques syn- à tarditectoniques : tonalite, trondhjémite et granodiorite ; quantité mineure de diorite et de monzodiorite.

18 : Arénite, conglomérat et mudrock (Formation de Sakami).

L'occurrence toponymique : *La passe à l'eau blanche (laiteuse)* est en relation avec les unités lithologiques **13** et **18**.

Toponyme	Feuillet	Coordonnées géographiques	
		Latitude	Longitude
Kachuchusinapuwakamich, Ruisseau soit *le ruisseau aux eaux laiteuses*	32N/16	51° 47'	76° 23'

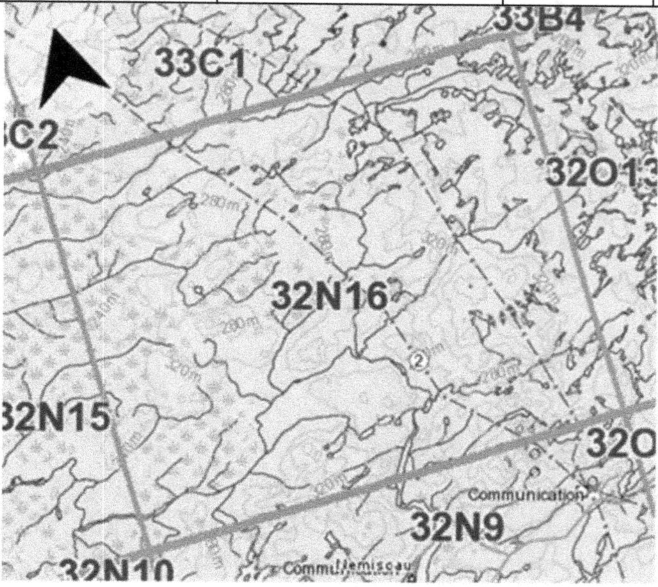

Figure 4 — Carte topographique : secteur 32N/16

Les unités lithologiques associées au secteur 32N/16 sont les suivantes :

2a : Amphibolite, métabasalte et gneiss mafique.

9 : Granitoïdes pré- à syntectoniques: gneiss tonalitique et trondhjémitique; gneiss non subdivisé ; quantité mineure de diorite.

14 : Roches granitiques syn- à tarditectoniques : granite, granodiorite, monzonite et syénite ; quantité mineure de diatexite.

L'occurrence toponymique : *Le ruisseau aux eaux laiteuses,* est en relation avec l'unité lithologique **9**.

Toponyme	Feuillet	Coordonnées géographiques	
		Latitude	Longitude
Kawapakamich soit *les lacs blancs*	33F/08	53° 27'	76° 22'

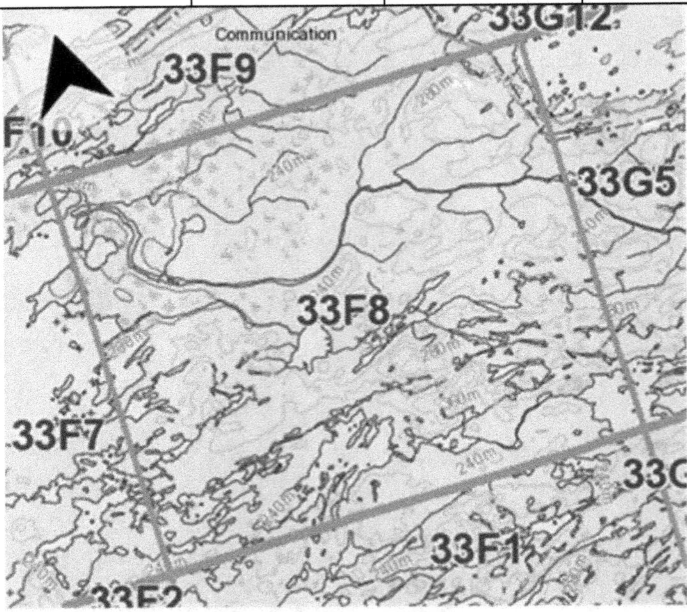

Figure 5 — Carte topographique : secteur 33F/08

Les unités lithologiques associées au secteur 33F/08 sont les suivantes :

4 : Roches métasédimentaires : paragneiss et schiste à biotite, grenat, orthopyroxène, sillimanite, andalousite, cordiérite, staurotide et/ou disthène ; formation de fer, marbre et granite blanc d'anatexie associé aux roches métasédimentaires ; présence commune de roches intrusives et volcaniques.

14 : Roches granitiques syn- à tarditectoniques : granite, granodiorite, monzonite et syénite ; quantité mineure de diatexite.

L'occurrence toponymique : *Les lacs blancs* est en relation avec l'unité lithologique **4**.

Toponyme	Feuillet	Coordonnées géographiques	
		Latitude	Longitude
Wiyapiskuchi, Mont soit *le mont du rocher blanc*	33P/15	55° 53'	72° 49'

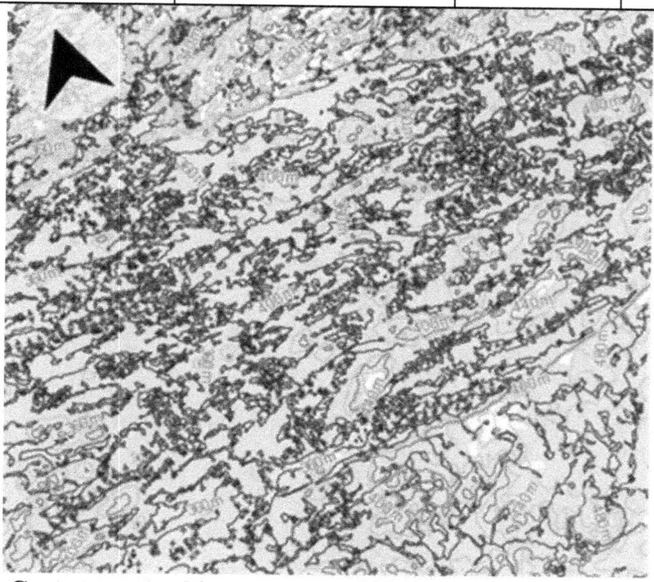

Figure 6 — Carte topographique : secteur 33P/15

Les unités lithologiques associées au secteur 33P/15 sont les suivantes :

7 : Roches intrusives mafiques : gabbro, gabbronorite, diorite et complexe de carbonatite ; quantité mineure de roches ultramafiques intrusives et extrusives.

13 : Roches tonalitiques syn- à tarditectoniques : tonalite, trondhjémite et granodiorite ; quantité mineure de diorite et de monzodiorite.

14 : Roches granitiques syn- à tarditectoniques : granite, granodiorite, monzonite et syénite ; quantité mineure de diatexite.

18 : Arénite, conglomérat et mudrock (Formation de Sakami).

L'occurrence toponymique : *Le mont du rocher blanc,* est en relation avec l'unité lithologique **13**.

Toponyme	Feuillet	Coordonnées géographiques	
		Latitude	Longitude
Wiywapiskuchi soit *la montagne où il y a un rocher blanc*	33P/10	55° 45'	72° 50'

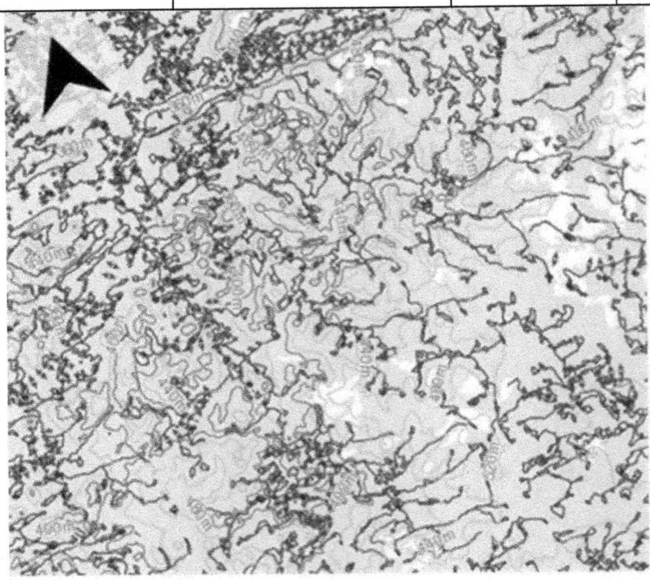

Figure 7 — Carte topographique : secteur 33P/10

Les unités lithologiques associées au secteur 33P/10 sont les suivantes :

12 : Granitoïdes à orthopyroxène syn- à tarditectoniques : enderbite, opdalite, charnockite et orthogneiss granulitique ; quantité mineure de diatexite à orthopyroxène, de roches métasédimentaires et d'intrusions mafiques à ultramafiques.

13 : Roches tonalitiques syn- à tarditectoniques : tonalite, trondhjémite et granodiorite ; quantité mineure de diorite et de monzodiorite

14 : Roches granitiques syn- à tarditectoniques : granite, granodiorite, monzonite et syénite ; quantité mineure de diatexite.

L'occurrence toponymique : *La montagne où il y a un rocher blanc* est en relation avec les unités lithologiques **14** et **13**.

Toponymes associés aux feuillets SNRC avec l'unité lexicale « argile »

Quatre occurrences

Tableau 3.3 – Toponymes descriptifs formés avec l'unité lexicale : « argile » (4 occurrences)

		Toponyme	*Signification*	*Feuillet*	*Latitude*	*Longitude*
4	**12**	Chischukash Ruisseau	Le ruisseau de la petite argile	32M/08	51° 20'	78° 26'
5	**13**	Chischukash	Le ruisseau de la petite argile	32M/15	51° 59'	78° 42'
6	**14**	Echiskaputunisk ach, Pointe	La pointe de la falaise d'argile	32M/07	51° 29'	78° 41'
7	**15**	Ewashischukach	Le ruisseau de la baie argileuse	32M/11	51° 31'	79° 14'

Légende : les chiffres indiqués dans la première colonne correspondent à l'ordre numérique croissant des toponymes du tableau ; les chiffres de la deuxième colonne renvoient à la numérotation globale qui avait été donnée à l'ensemble des toponymes descriptifs de type géologique et qui a été reportée sur les cartes géographiques et lithologiques.

L'argile fait partie de la famille des lutites (ou pélites), soit des « [...] roches argileuses meubles ou consolidées » (Schumann, 2010, p. 276). Nous trouvons notamment les argiles grasses, maigres et gores, la bentonite, les lehms, les marnes, le lœss, le kaolin, l'argile schisteuse.

Toponyme	Feuillet	Coordonnées géographiques	
		Latitude	Longitude
Chischukash Ruisseau soit *le ruisseau de la petite argile*	32M/08	51° 20'	78° 26'

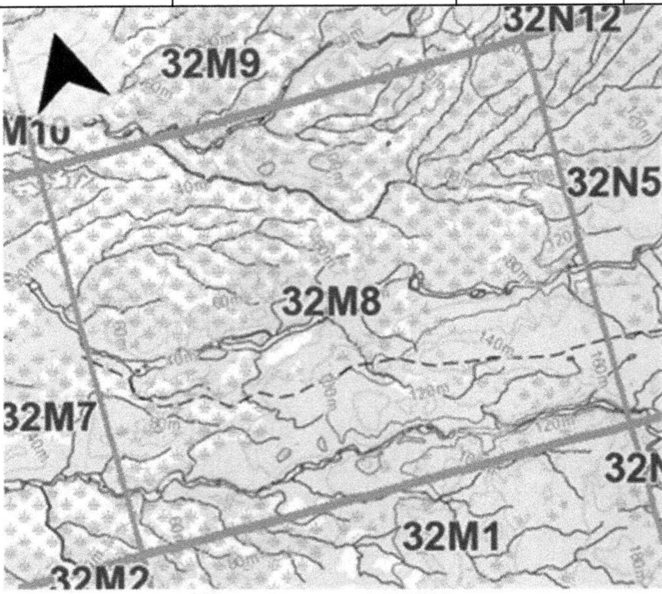

Figure 8 — Carte topographique : secteur 32M/08

Les unités lithologiques associées au secteur 32M/08 sont les suivantes :

2a : Amphibolite, métabasalte et gneiss mafique

4 : Roches métasédimentaires : paragneiss et schiste à biotite, grenat, orthopyroxène, sillimanite, andalousite, cordiérite, staurotide et/ou disthène ; formation de fer, marbre et granite blanc d'anatexie associé aux roches métasédimentaires ; présence commune de roches intrusives et volcaniques

L'occurrence toponymique : *Le ruisseau de la petite argile*, est en relation avec l'unité lithologique **4**.

Toponyme	Feuillet	Coordonnées géographiques	
		Latitude	Longitude
Chischukash soit *le ruisseau de la petite argile*	32M/15	51° 59'	78° 42'

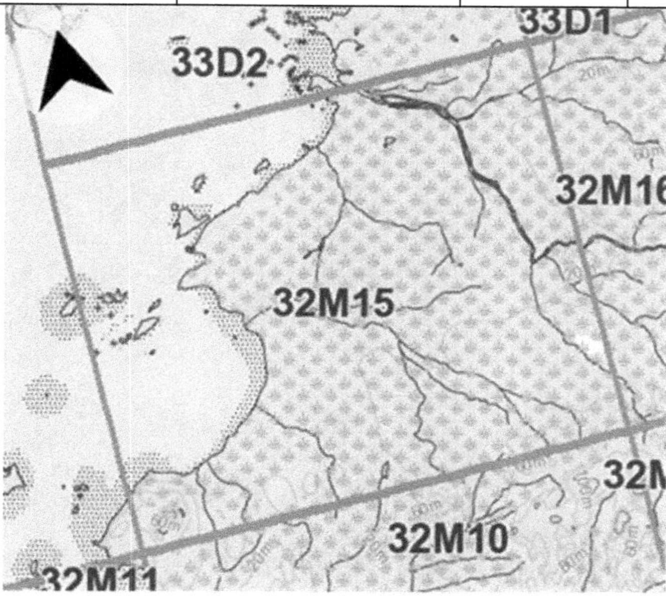

Figure 9 — Carte topographique : secteur 32M/15

Les unités lithologiques associées au secteur 32M/15 sont les suivantes :

4 : Roches métasédimentaires : paragneiss et schiste à biotite, grenat, orthopyroxène, sillimanite, andalousite, cordiérite, staurotide et/ou disthène ; formation de fer, marbre et granite blanc d'anatexie associé aux roches métasédimentaires; présence commune de roches intrusives et volcaniques.

14 : Roches granitiques syn- à tarditectoniques : granite, granodiorite, monzonite et syénite ; quantité mineure de diatexite.

L'occurrence toponymique : *Le ruisseau de la petite argile* est en relation avec l'unité lithologique **4**.

Toponyme	Feuillet	Coordonnées géographiques	
		Latitude	Longitude
Echiskaputuniskach, Pointe soit *la pointe de la falaise d'argile*	32M/07	51° 29'	78° 41'

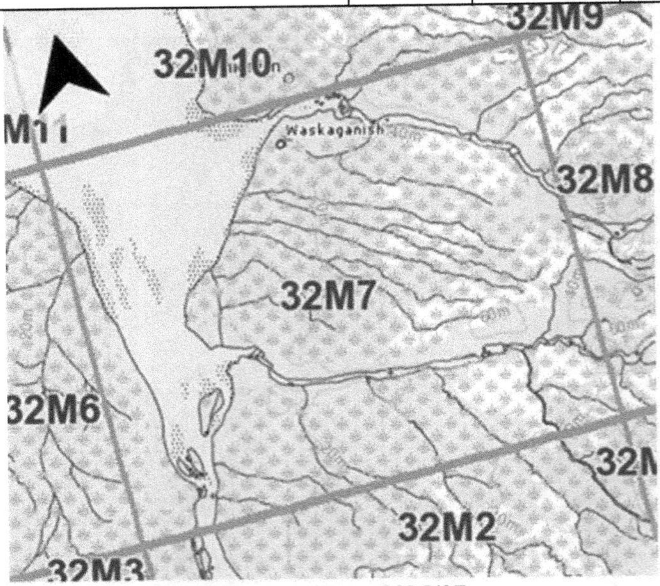

Figure 10 — Carte topographique : secteur 32M/07

Les unités lithologiques associées au secteur 32M/07 sont les suivantes :

4 : Roches métasédimentaires : paragneiss et schiste à biotite, grenat, orthopyroxène, sillimanite, andalousite, cordiérite, staurotide et/ou disthène ; formation de fer, marbre et granite blanc d'anatexie associé aux roches métasédimentaires ; présence commune de roches intrusives et volcaniques.

14 : Roches granitiques syn- à tarditectoniques : granite, granodiorite, monzonite et syénite ; quantité mineure de diatexite.

98 : Grès et arkose (Formation de Sextant).

L'occurrence toponymique : *La pointe de la falaise d'argile* est en relation avec l'unité lithologique **4**.

Toponyme	Feuillet	Coordonnées géographiques	
		Latitude	Longitude
Ewashischukach soit *le ruisseau de la baie argileuse*	32M/11	51° 31'	79° 14'

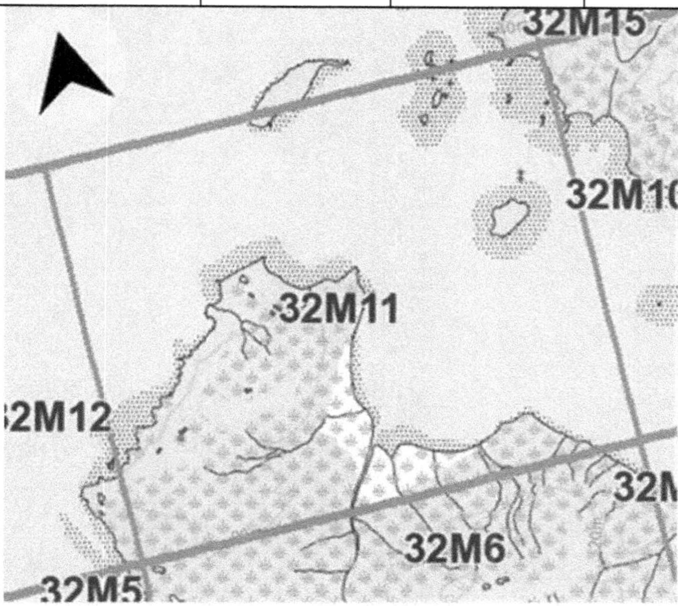

Figure 11 — Carte topographique : secteur 32M/11

L'unité lithologique associée au secteur 32M/11 est la suivante :

96 : Calcaire, shale et grès (Groupe d'Anticosti) ; calcaire, dolomie, chert, gypse et anhydrite (formations de Rivière Ekwan, de Rivière Severn et de Kénogami).

L'occurrence toponymique : *Le ruisseau de la baie argileuse* est en relation avec l'unité lithologique **96**.

Toponymes associés aux feuillets SNRC avec les unités lexicales « sablonneux/sable »

Cinq occurrences

Tableau 3.4 – Toponymes descriptifs formés avec les unités lexicales : sablonneux/sable (5 occurrences)						
		Toponyme	*Signification*	*Feuillet*	*Latitude*	*Longitude*
9	**24**	Kasuwekaukasich, Portage	Le portage du sommet sablonneux	32N/12	51° 43'	77° 36'
12	**27**	Kawaseyaukasu, Ruisseau	Le ruisseau au sable blanc étincelant	32O/04	51° 10' 21"	75° 35' 25"
16	**31**	Kawasitauchitin, Lac	Le lac au sable brillant (?)	33F/01	53° 14'	76° 04'
24	**39**	Mine-Opémisca	Les rétrécis sablonneux	32G/15	49° 47'	74° 51'
26	**41**	Mistaukau Sakahikan	Le lac de la grande étendue de sable	32L/01	50° 08'	78° 19'

Légende : les chiffres indiqués dans la première colonne correspondent à l'ordre numérique croissant des toponymes du tableau ; les chiffres de la deuxième colonne renvoient à la numérotation globale qui avait été donnée à l'ensemble des toponymes descriptifs de type géologique et qui a été reportée sur les cartes géographiques et lithologiques.

Cette terminologie géologique recouvre des toponymes dont la description est d'ordre général. Selon le *TLFi*[27], le sable est une « roche sédimentaire meuble, constitué de petits fragments provenant de la désagrégation de roches de nature diverse (notamment silice) » ; il s'agit d'un « assemblage meuble de minéraux et de fragments de roches, dont 50 % au moins des éléments ont de 0,002 à 2 mm de diamètre. Les minéraux sont le plus souvent du ***quartz*** et du ***feldspath***, ainsi que du ***mica*** et des ***minéraux lourds*** » (Schumann, 2010, p. 272).

En dehors des descriptions de type général, nous trouvons, dans cette série, des adjectifs qui permettent de caractériser l'objet observé tels qu'« étincelant » et « brillant » et c'est à partir de ces spécifications que notre analyse va prendre place. Des micas, Schumann précise qu'ils ont « un aspect ***scintillant*** micacé » (*ibid.*, p. 46).

[27] *Cf. Trésor de la langue française informatisé* consultable par le lien URL : http://atilf.atilf.fr/

Pour ce qui est de la précision : « sable blanc », elle laisse supposer que ce sable, à cause de sa couleur, contiendrait de la silice en quantité plus importante. La ***silice*** ou ***dioxyde de silicium*** (*$SiO2$*) est un groupe qui « comprend les minéraux presque uniquement composés de silice. Certains sont cristallisés, tels que le quartz, la trydimite et la cristobalite ; d'autres, généralement rassemblés sous le nom de calcédoine, sont cryptocristallins ; l'opale est amorphe » (Hamilton, Woolley, Bishop, 1990, p. 128).

Toponyme	**Feuillet**	**Coordonnées géographiques**	
Kasuwekaukasich, Portage soit *le portage du sommet sablonneux*	32N/12	Latitude	Longitude
		51° 43'	77° 36'

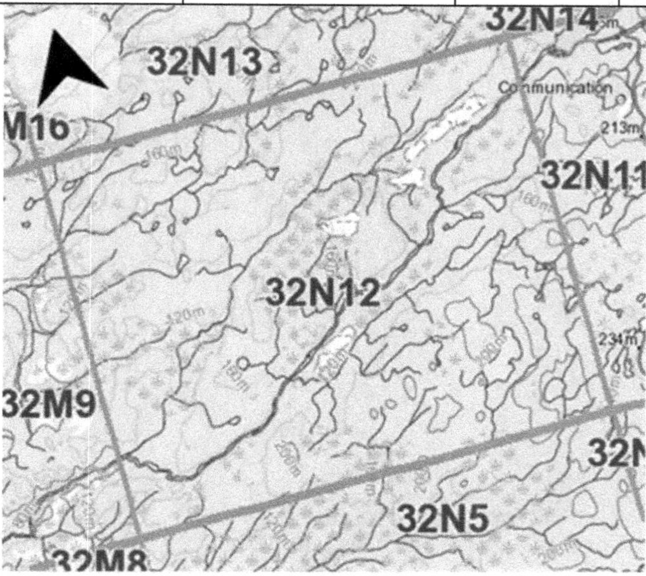

Figure 12 — Carte topographique : secteur 32N/12

Les unités lithologiques associées au secteur 32N/12 sont les suivantes :

4 : Roches métasédimentaires : paragneiss et schiste à biotite, grenat, orthopyroxène, sillimanite, andalousite, cordiérite, staurotide et/ou disthène ; formation de fer, marbre et granite blanc d'anatexie associé aux roches métasédimentaires; présence commune de roches intrusives et volcaniques.

9 : Granitoïdes pré- à syntectoniques : gneiss tonalitique et trondhjémitique ; gneiss non subdivisé ; quantité mineure de diorite.

14 : Roches granitiques syn- à tarditectoniques : granite, granodiorite, monzonite et syénite ; quantité mineure de diatexite.

L'occurrence toponymique : *Le portage du sommet sablonneux* est en relation avec l'unité lithologique **4**.

Toponyme	Feuillet	Coordonnées géographiques	
		Latitude	Longitude
Kawaseyaukasu, Ruisseau soit *le ruisseau au sable blanc étincelant*	32O/04	51° 10' 21"	75° 35' 25"

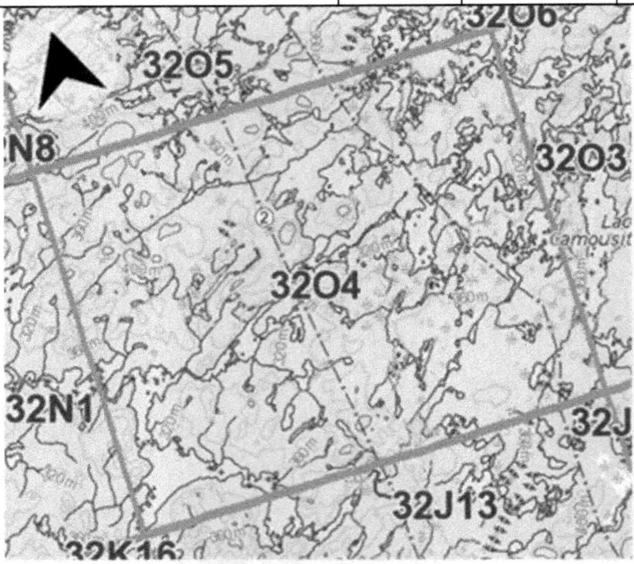

Figure 13 — Carte topographique : secteur 32O/04

Les unités lithologiques associées au secteur 32O/04 sont les suivantes :

4 : Roches métasédimentaires : paragneiss et schiste à biotite, grenat, orthopyroxène, sillimanite, andalousite, cordiérite, staurotide et/ou disthène ; formation de fer, marbre et granite blanc d'anatexie associé aux roches métasédimentaires ; présence commune de roches intrusives et volcaniques.

9 : Granitoïdes pré- à syntectoniques : gneiss tonalitique et trondhjémitique ; gneiss non subdivisé ; quantité mineure de diorite.

14 : Roches granitiques syn- à tarditectoniques : granite, granodiorite, monzonite et syénite ; quantité mineure de diatexite.

L'occurrence toponymique : *Le ruisseau au sable blanc étincelant* est en relation avec les unités lithologiques **9** et **14**.

Toponyme	Feuillet	Coordonnées géographiques	
		Latitude	Longitude
Kawasitauchitin, Lac soit *le lac au sable brillant (?)*	33F/01	53° 14'	76° 04'

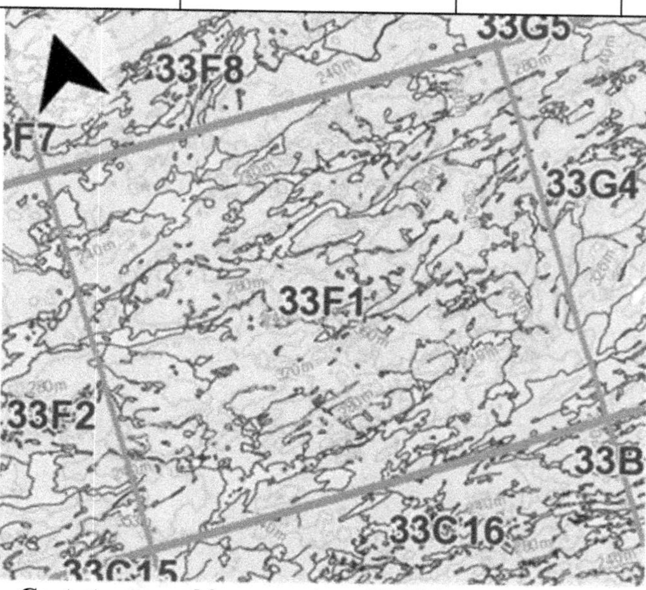

Figure 14 — Carte topographique : secteur 33F/01

Les unités lithologiques associées au secteur 33F/01 sont les suivantes :

4 : Roches métasédimentaires : paragneiss et schiste à biotite, grenat, orthopyroxène, sillimanite, andalousite, cordiérite, staurotide et/ou disthène ; formation de fer, marbre et granite blanc d'anatexie associé aux roches métasédimentaires ; présence commune de roches intrusives et volcaniques.

14 : Roches granitiques syn- à tarditectoniques : granite, granodiorite, monzonite et syénite ; quantité mineure de diatexite.

L'occurrence toponymique : *Le lac au sable brillant (?)* est en relation avec l'unité lithologique **4**.

Toponyme	Feuillet	Coordonnées géographiques	
		Latitude	Longitude
Mine-Opémisca soit *les rétrécis sablonneux*	32G/15	49° 47'	74° 51'

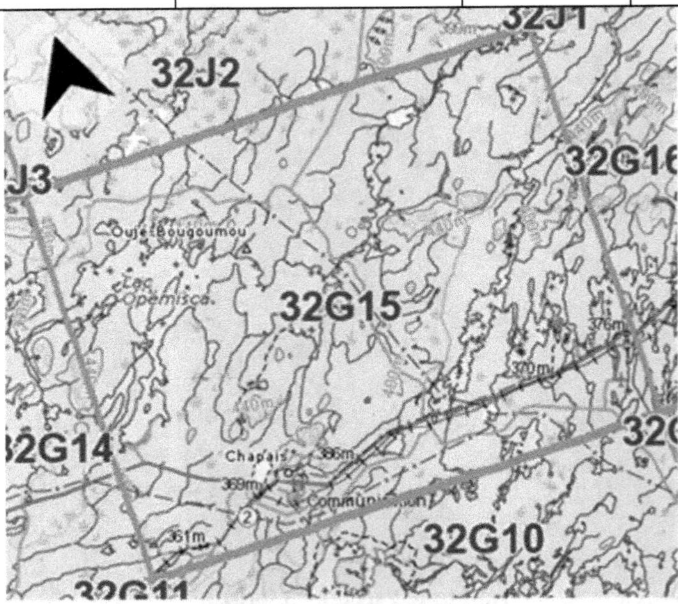

Figure 15 — Carte topographique : secteur 32G/15

Les unités lithologiques associées au secteur 32G/15 sont les suivantes :

2 : Roches volcaniques mafiques et intermédiaires : basalte, andésite et roches pyroclastiques ; quantité mineure d'amphibolite, de roches volcaniques felsiques et ultramafiques, d'intrusions mafiques et de roches sédimentaires.

3 : Roches volcaniques felsiques : rhyolite, rhyodacite, dacite, roches pyroclastiques et intrusions porphyriques felsiques ; quantité mineure de roches volcaniques intermédiaires et mafiques et de roches sédimentaires.

5 : Roches sédimentaires : wacke, mudrock, conglomérat et formation de fer.

7 : Roches intrusives mafiques : gabbro, gabbronorite, diorite et complexe de carbonatite ; quantité mineure de roches ultramafiques intrusives et extrusives.

8 : Complexes stratiformes : anorthosite, gabbro et pyroxénite.

13 : Roches tonalitiques syn- à tarditectoniques : tonalite, trondhjémite et granodiorite ; quantité mineure de diorite et de monzodiorite.

14 : Roches granitiques syn- à tarditectoniques : granite, granodiorite, monzonite et syénite ; quantité mineure de diatexite.

L'occurrence toponymique : *Les rétrécis sablonneux* est en relation avec les unités lithologiques **2, 3, 5,** et **7**.

Toponyme	Feuillet	Coordonnées géographiques	
Mistaukau Sakahikan soit *le lac de la grande étendue de sable*	32L/01	Latitude	Longitude
		50° 08'	78° 19'

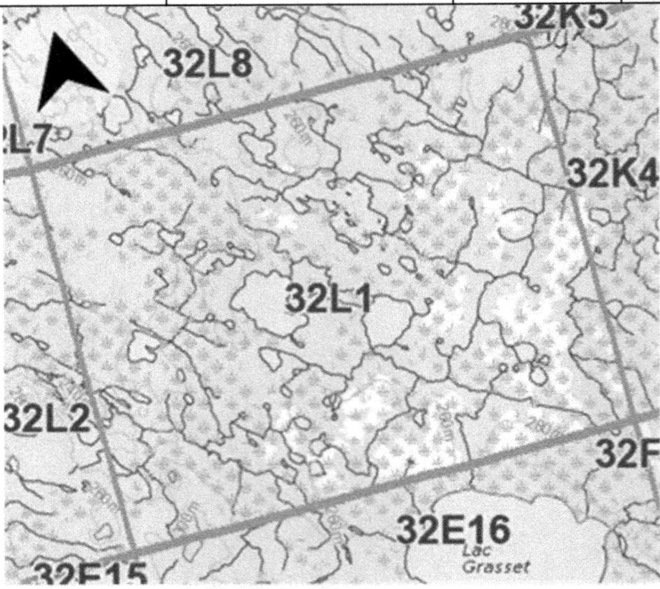

Figure 16 — Carte topographique : secteur 32L/01

Les unités lithologiques associées au secteur 32L/01 sont les suivantes :

2a : Amphibolite, métabasalte et gneiss mafique.

9 : Granitoïdes pré- à syntectoniques: gneiss tonalitique et trondhjémitique; gneiss non subdivisé ; quantité mineure de diorite.

L'occurrence toponymique : *Le lac de la grande étendue de sable* est en relation avec l'unité lithologique **9**.

Toponymes associés aux feuillets SNRC avec les unités lexicales « brillant, argenté, miroitant »

Sept occurrences

Tableau 3.5 – Toponymes descriptifs formés avec les unités lexicales : brillant, argenté, miroitant (7 occurrences)

		Toponyme	*Signification*	*Feuillet*	*Latitude*	*Longitude*
11	**26**	Kawaseyapiskau, Lac	Le lac au rocher brillant	32K/12	50° 37'	77° 36'
13	**28**	Kawashapischeshich, Colline	Le rocher aux reflets brillants	32M/01	51° 03'	78° 25'
14	**29**	Kawashekamach, Lac	Le lac aux eaux miroitantes	32O/12	51° 32' 15"	75° 35' 05"
15	**30**	Kawasikusu	Le lac où on peut apercevoir quelque chose d'argenté dans l'eau	33N/02	55° 03'	76° 51'
17	**32**	Kawayasakamikaw, Lac	Le lac brillant	33B/13	52° 49'	75° 38'
27	**44**	Satayaw, Ruisseau	Le ruisseau où c'est brillant	33M/01	55° 09'	78° 07'
28	**45**	Satayaw Sakahikan	Le lac où c'est brillant	33M/01	55° 05'	78° 07'

Légende : les chiffres indiqués dans la première colonne correspondent à l'ordre numérique croissant des toponymes du tableau ; les chiffres de la deuxième colonne renvoient à la numérotation globale qui avait été donnée à l'ensemble des toponymes descriptifs de type géologique et qui a été reportée sur les cartes géographiques et lithologiques.

Dans la série de toponymes présentés dans le tableau 3.5, nous trouvons les termes « brillant », « miroitant » et « argenté » renvoyant à un aspect de la roche sur le sol ou dans l'eau et qui correspond au processus suivant : « Lorsque la lumière du soleil frappe un objet, un être, ou un minéral, une partie de cette lumière (certaines fréquences ou longueurs d'onde) est absorbée ou transmise, et les autres ondes lumineuses sont réémises » (Abréal, 2002, p. 3). Certaines roches comme les micas possèdent cet aspect. Dans un article de 2010, Deferne fait une classification des minéraux en prenant en compte leurs caractéristiques, dont la couleur ; nous avons recensé quelques minéraux renvoyant à des termes comme « brillant » ainsi que « métallique », ce dernier adjectif étant corrélé au mot « brillant » (*cf.* tableau 3.6).

Tableau 3.6 – Quelques types de minéraux avec les mentions : brillant, miroitant et argenté

Minéral	*Description et types de gisement*
Classe des Sulfures de semi-métaux ***Stibine***	Prismes allongés à aciculaires, souvent striés. Gris à ***éclat métallique, brillant***. (Deferne, 2010, p. 19)
Berthierite	Prismes striés verticalement, mouchets fibro-radiés, masse fibreuse. Gris foncé, ***éclat métallique***.
Bismuthinite	Agrégats lamellaires, masse clivable. Gris de plomb à blanc, ***éclat métallique***, reflets jaunâtres.
Groupe de l'épidote ***Épidote***	Prismes longs. Vert jaune à vert foncé, noir. Éclat vitreux, ***brillant***. Dans les roches métamorphiques.

Toponyme	Feuillet	Coordonnées géographiques	
		Latitude	Longitude
Kawaseyapiskau, Lac soit *le lac au rocher brillant*	32K/12	50° 37'	77° 36'

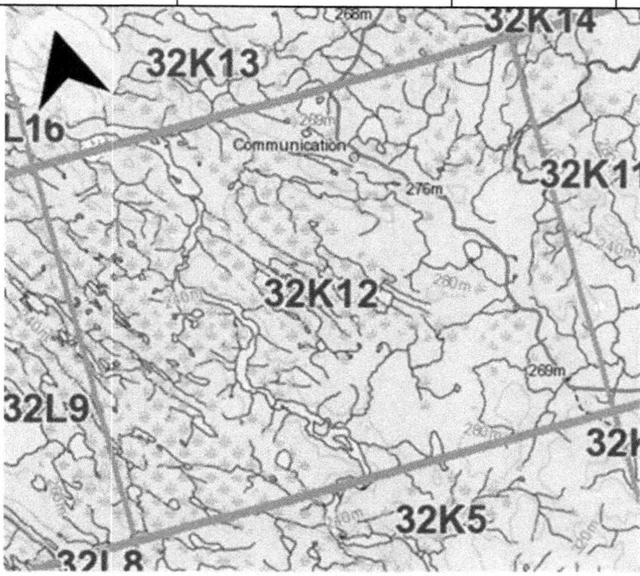

Figure 17 — Carte topographique : secteur 32K/12

Les unités lithologiques associées au secteur 32K/12 sont les suivantes :

2a : Amphibolite, métabasalte et gneiss mafique.

7 : Roches intrusives mafiques : gabbro, gabbronorite, diorite et complexe de carbonatite ; quantité mineure de roches ultramafiques intrusives et extrusives.

9 : Granitoïdes pré- à syntectoniques : gneiss tonalitique et trondhjémitique; gneiss non subdivisé ; quantité mineure de diorite.

14 : Roches granitiques syn- à tarditectoniques : granite, granodiorite, monzonite et syénite ; quantité mineure de diatexite.

L'occurrence toponymique : *Le lac au rocher brillant* est en relation avec les unités lithologiques **9** et **14**.

Toponyme	Feuillet	Coordonnées géographiques	
		Latitude	Longitude
Kawashapischeshich, Colline, soit *le rocher aux reflets brillants*	32M/01	51° 03'	78° 25'

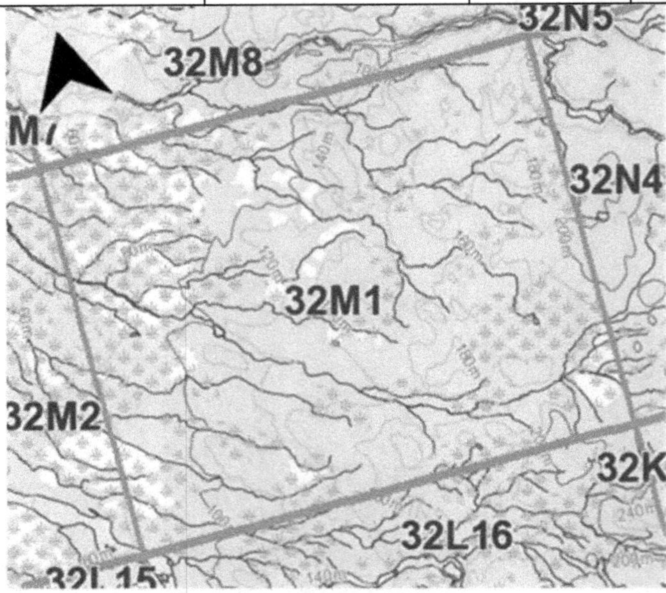

Figure 18 — Carte topographique : secteur 32M/01

Les unités lithologiques associées au secteur 32M/01 sont les suivantes :

4 : Roches métasédimentaires : paragneiss et schiste à biotite, grenat, orthopyroxène, sillimanite, andalousite, cordiérite, staurotide et/ou disthène ; formation de fer, marbre et granite blanc d'anatexie associé aux roches métasédimentaires ; présence commune de roches intrusives et volcaniques.

14 : Roches granitiques syn- à tarditectoniques : granite, granodiorite, monzonite et syénite ; quantité mineure de diatexite.

L'occurrence toponymique : *Le rocher aux reflets brillants* est en relation avec l'unité lithologique **4**.

Toponyme	Feuillet	Coordonnées géographiques	
		Latitude	Longitude
Kawashekamach, Lac soit *le lac aux eaux miroitantes*	32O/12	51° 32' 15"	75° 35' 05"

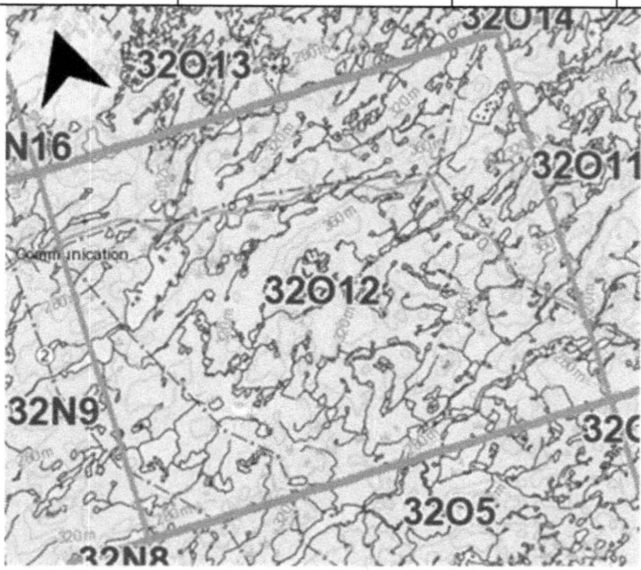

Figure 19 — Carte topographique : secteur 32O/12

Les unités lithologiques associées au secteur 32O/12 sont les suivantes :

4 : Roches métasédimentaires : paragneiss et schiste à biotite, grenat, orthopyroxène, sillimanite, andalousite, cordiérite, staurotide et/ou disthène ; formation de fer, marbre et granite blanc d'anatexie associé aux roches métasédimentaires ; présence commune de roches intrusives et volcaniques.

9 : Granitoïdes pré- à syntectoniques: gneiss tonalitique et trondhjémitique ; gneiss non subdivisé ; quantité mineure de diorite.

14 : Roches granitiques syn- à tarditectoniques : granite, granodiorite, monzonite et syénite ; quantité mineure de diatexite.

L'occurrence toponymique : *Le lac aux eaux miroitantes* est en relation avec les unités lithologiques **4** et **9**.

Toponyme	Feuillet	Coordonnées géographiques	
		Latitude	Longitude
Kawasikusu soit *le lac où on peut apercevoir quelque chose d'argenté dans l'eau*	33N/02	55° 03'	76° 51'

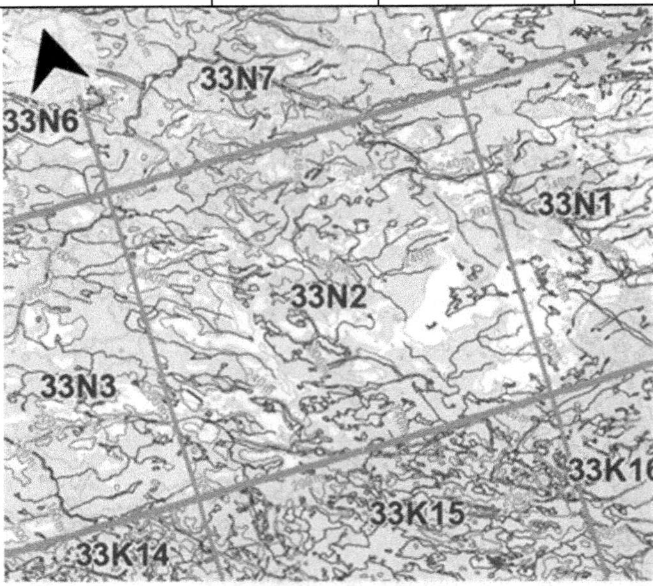

Figure 20 — Carte topographique : secteur 33N/02

Les unités lithologiques associées au secteur 33N/02 sont les suivantes :

2a : Amphibolite, métabasalte et gneiss mafique.

10 : Granitoïdes syn- à tarditectoniques non subdivisés.

14 : Roches granitiques syn- à tarditectoniques : granite, granodiorite, monzonite et syénite ; quantité mineure de diatexite.

L'occurrence toponymique : *Le lac où on peut apercevoir quelque chose d'argenté dans l'eau* est en relation avec l'unité lithologique **2a**.

Toponyme	**Feuillet**	**Coordonnées géographiques**	
		Latitude	Longitude
Kawayasakamikaw, Lac soit *le lac brillant*	33B/13	52° 49'	75° 38'

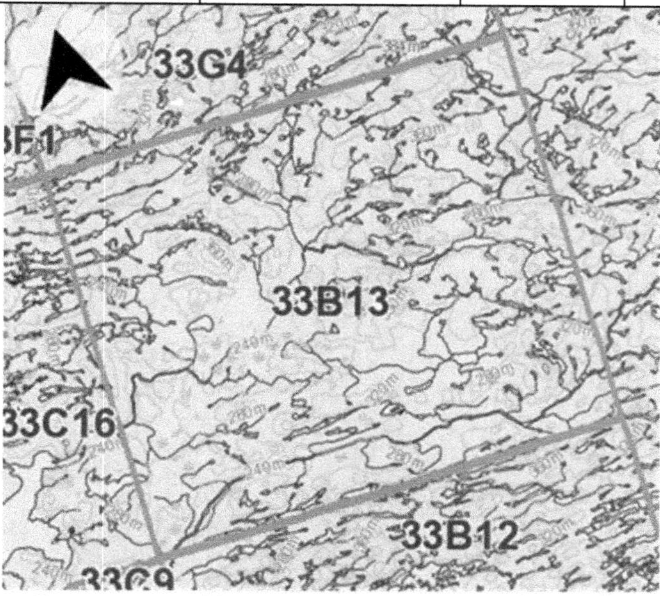

Figure 21 — Carte topographique : secteur 33B/13

Les unités lithologiques associées au secteur 33B/13 sont les suivantes :

4 : Roches métasédimentaires : paragneiss et schiste à biotite, grenat, orthopyroxène, sillimanite, andalousite, cordiérite, staurotide et/ou disthène ; formation de fer, marbre et granite blanc d'anatexie associé aux roches métasédimentaires ; présence commune de roches intrusives et volcaniques.

14 : Roches granitiques syn- à tarditectoniques : granite, granodiorite, monzonite et syénite ; quantité mineure de diatexite.

L'occurrence toponymique : *Le lac brillant* est en relation avec l'unité lithologique **4**.

Toponyme	Feuillet	Coordonnées géographiques	
		Latitude	Longitude
Satayaw, Ruisseau soit *le ruisseau où c'est brillant*	33M/01	55° 09'	78° 07'

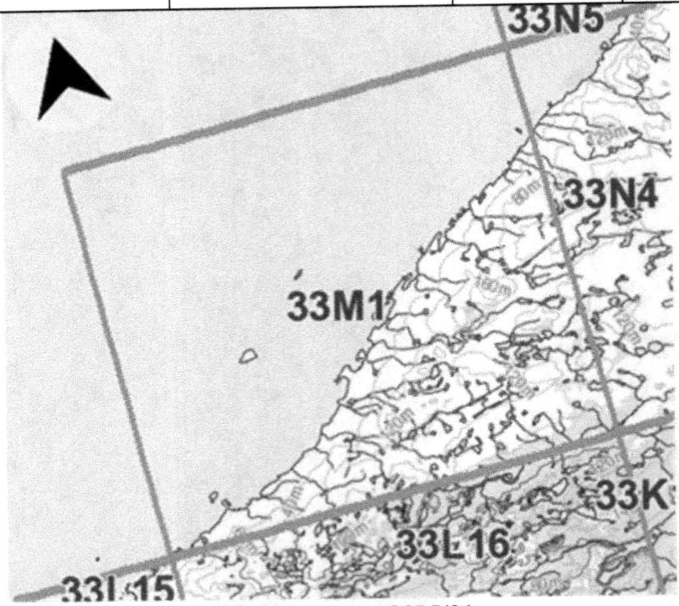

Figure 22 — Carte topographique : secteur 33M/01

Les unités lithologiques associées au secteur 33M/01 sont les suivantes :

10 : Granitoïdes syn- à tarditectoniques non subdivisés.

14 : Roches granitiques syn- à tarditectoniques : granite, granodiorite, monzonite et syénite ; quantité mineure de diatexite.

19 : Arénite, dolomie à stromatolites et basalte (groupes de Richmond Gulf et de Nastapoka).

L'occurrence toponymique : *Le ruisseau où c'est brillant* est en relation avec l'unité lithologique **10**.

Toponyme	Feuillet	Coordonnées géographiques	
Satayaw Sakahikan soit *le lac où c'est brillant*	33M/01	Latitude	Longitude
		55° 05'	78° 07'

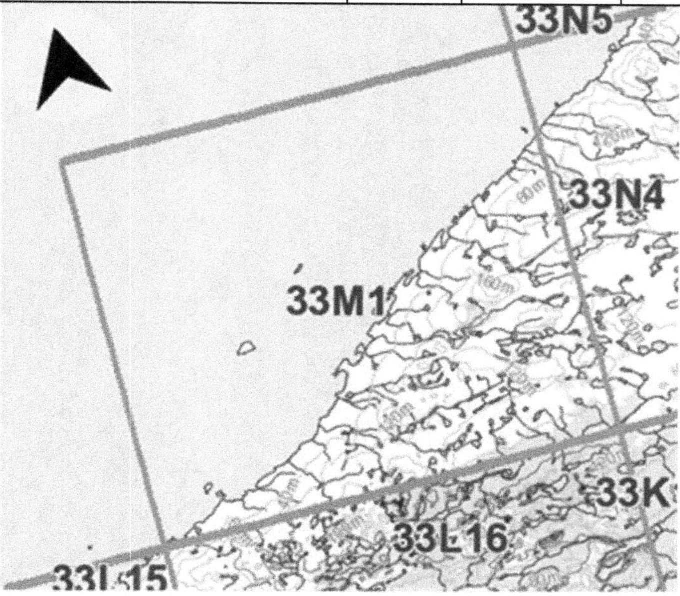

Figure 23 — Carte topographique : secteur 33M/01

Les unités lithologiques associées au secteur 33M/01 sont les suivantes :

10 : Granitoïdes syn- à tarditectoniques non subdivisés.

14 : Roches granitiques syn- à tarditectoniques : granite, granodiorite, monzonite et syénite ; quantité mineure de diatexite.

19 : Arénite, dolomie à stromatolites et basalte (groupes de Richmond Gulf et de Nastapoka).

L'occurrence toponymique : *Le lac où c'est brillant* est en relation avec l'unité lithologique **10**.

Toponymes associes aux feuillets SNRC avec l'unité lexicale « noir »

Six occurrences

Tableau 3.7 – Toponymes descriptifs formés avec l'unité lexicale : « noir » (6 occurrences)

		Toponyme	*Signification*	*Feuillet*	*Latitude*	*Longitude*
18	**33**	Kawipapiskastikw	La rivière de la roche noire	33D/10	52° 41'	78° 44'
19	**34**	Kawipapiskaw, Baie	La baie de la roche noire	33D/10	52° 43'	78° 47'
20	**35**	Kawipapiskaw, Lac	Le lac de la roche noire	33D/10	52° 43'	78° 41'
21	**36**	Kawipinagasse, Île	L'île noire (?)	32I/05	50° 29'	73° 51'
22	**37**	Makatewakamistikw, Bras	La rivière aux eaux noires	32N/02	51° 14'	76° 57'
23	**38**	Makatewakamu, Lac	La rivière aux eaux noires	32N/02	51° 08'	76° 37'

Légende : les chiffres indiqués dans la première colonne correspondent à l'ordre numérique croissant des toponymes du tableau ; les chiffres de la deuxième colonne renvoient à la numérotation globale qui avait été donnée à l'ensemble des toponymes descriptifs de type géologique et qui a été reportée sur les cartes géographiques et lithologiques.

Ainsi que le mentionne Abréal : « La présence de carbone en fine dispersion, soit amorphe, soit sous la forme de ***graphite***, peut-être la cause de nuances de gris au ***noir*** pour certains minéraux » (2002, p. 22). Certains minéraux comme les cuivres gris peuvent également présenter cette couleur comme l'***énargite*** dont la couleur varie du « [...] ***noir*** à gris acier. Éclat métallique à la cassure » (Deferne, 2010, p. 20).

Toponyme	Feuillet	Coordonnées géographiques	
		Latitude	Longitude
Kawipapiskastikw soit *la rivière de la roche noire*	33D/10	52° 41'	78° 44'

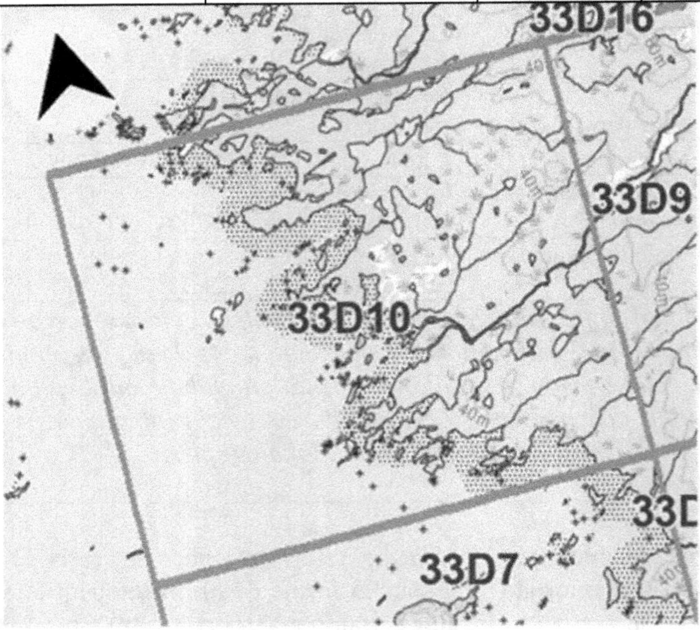

Figure 24 — Carte topographique : secteur 33D/10

Les unités lithologiques associées au secteur 33D/10 sont les suivantes :

13 : Roches tonalitiques syn- à tarditectoniques : tonalite, trondhjémite et granodiorite ; quantité mineure de diorite et de monzodiorite.

14 : Roches granitiques syn- à tarditectoniques : granite, granodiorite, monzonite et syénite ; quantité mineure de diatexite.

L'occurrence toponymique : *La rivière de la roche noire* est en relation avec les unités lithologiques **13** et **14**.

Toponyme	Feuillet	Coordonnées géographiques	
		Latitude	Longitude
Kawipapiskaw, Baie soit *la baie de la roche noire*	33D/10	52° 43'	78° 47'

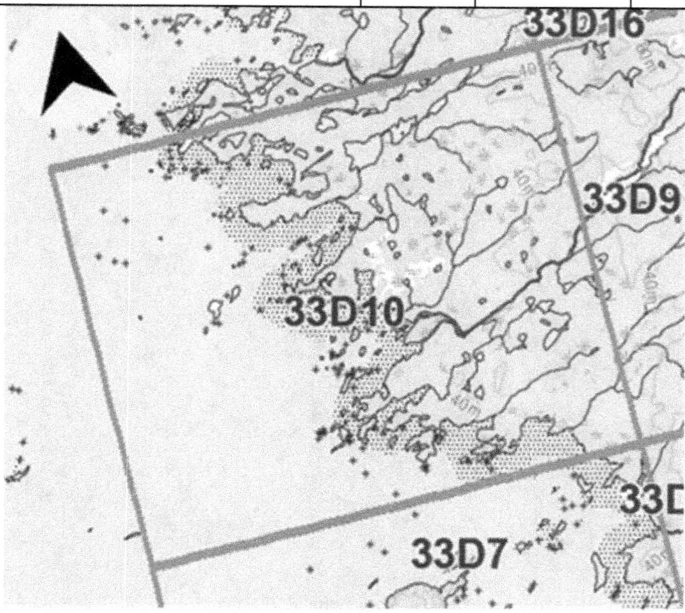

Figure 25 — Carte topographique : secteur 33D/10

Les unités lithologiques associées au secteur 33D/10 sont les suivantes :

13 : Roches tonalitiques syn- à tarditectoniques : tonalite, trondhjémite et granodiorite ; quantité mineure de diorite et de monzodiorite.

14 : Roches granitiques syn- à tarditectoniques : granite, granodiorite, monzonite et syénite ; quantité mineure de diatexite.

L'occurrence toponymique : *La baie de la roche noire* est en relation avec les unités lithologiques **13** et **14**.

Toponyme	Feuillet	Coordonnées géographiques	
		Latitude	Longitude
Kawipapiskaw, Lac soit *le lac de la roche noire*	33D/10	52° 43'	78° 41'

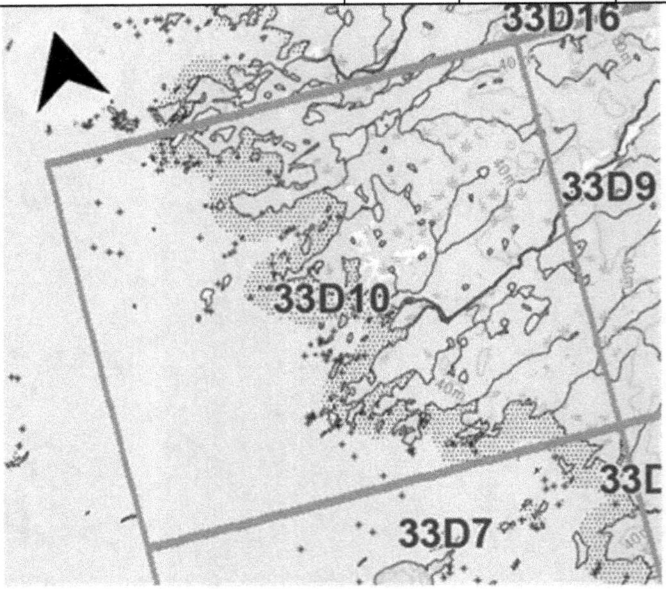

Figure 26 — Carte topographique : secteur 33D/10

Les unités lithologiques associées au secteur 33D/10 sont les suivantes :

13 : Roches tonalitiques syn- à tarditectoniques : tonalite, trondhjémite et granodiorite ; quantité mineure de diorite et de monzodiorite.

14 : Roches granitiques syn- à tarditectoniques : granite, granodiorite, monzonite et syénite ; quantité mineure de diatexite.

L'occurrence toponymique : *Le lac de la roche noire* est en relation avec les unités lithologiques **13** et **14**.

Toponyme	Feuillet	Coordonnées géographiques	
		Latitude	Longitude
Kawipinagasse, Île soit *l'île noire (?)*	32I/05	50° 29'	73° 51'

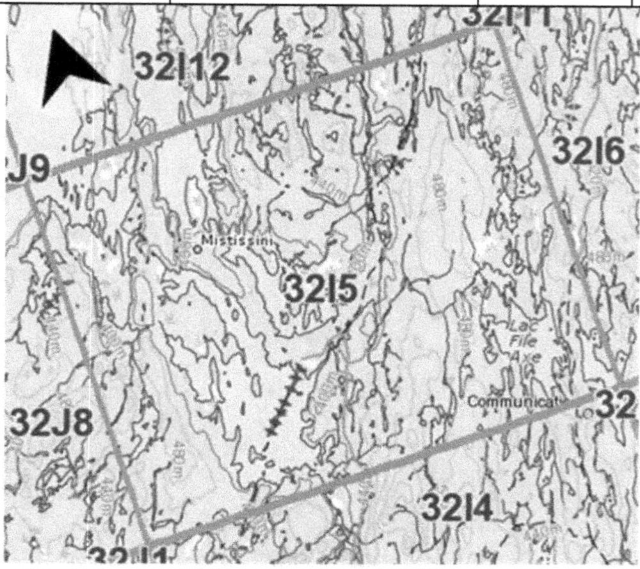

Figure 27 — Carte topographique : secteur 32I/05

Les unités lithologiques associées au secteur 32I/05 sont les suivantes :

9 : Granitoïdes pré- à syntectoniques : gneiss tonalitique et trondhjémitique ; gneiss non subdivisé ; quantité mineure de diorite.

17 : Dolomie à stromatolites, arénite, conglomérat et shale (Supergroupe d'Otish et Groupe de Mistassini).

43 : Gneiss gris à quartz, plagioclase, biotite et/ou hornblende, gneiss mafique à hornblende et/ou biotite et amphibolite.

54 : Gabbro, pyroxénite, troctolite et amphibolite.

57 : Granite et pegmatite

L'occurrence toponymique : *L'île noire (?)* est en relation avec l'unité lithologique **17**.

Toponyme	Feuillet	Coordonnées géographiques	
		Latitude	Longitude
Makatewakamistikw, Bras soit *la rivière aux eaux noires*	32N/02	51° 14'	76° 57'

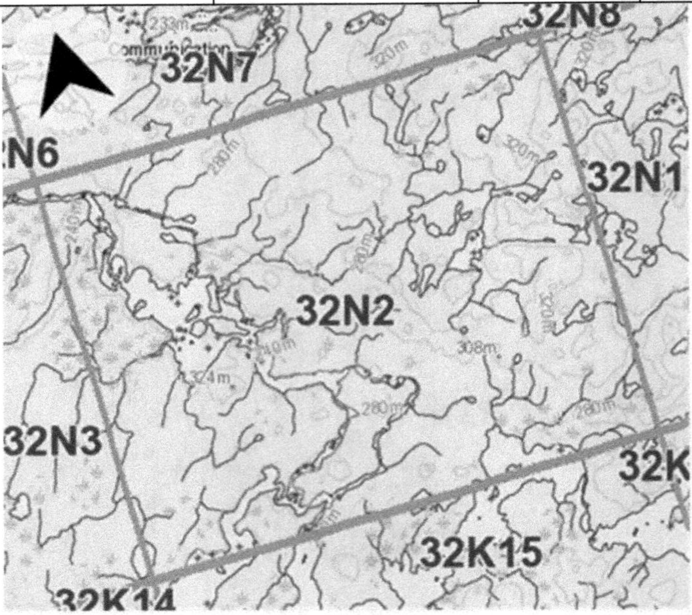

Figure 28 — Carte topographique : secteur 32N/02

Les unités lithologiques associées au secteur 32N/02 sont les suivantes :

4 : Roches métasédimentaires : paragneiss et schiste à biotite, grenat, orthopyroxène, sillimanite, andalousite, cordiérite, staurotide et/ou disthène ; formation de fer, marbre et granite blanc d'anatexie associé aux roches métasédimentaires ; présence commune de roches intrusives et volcaniques.

9 : Granitoïdes pré- à syntectoniques: gneiss tonalitique et trondhjémitique ; gneiss non subdivisé ; quantité mineure de diorite.

L'occurrence toponymique : *La rivière aux eaux noires* est en relation avec les unités lithologiques **4** et **9**.

Toponyme	Feuillet	Coordonnées géographiques	
		Latitude	Longitude
Makatewakamu, Lac soit *la rivière aux eaux noires*	32N/02	51° 08'	76° 37'

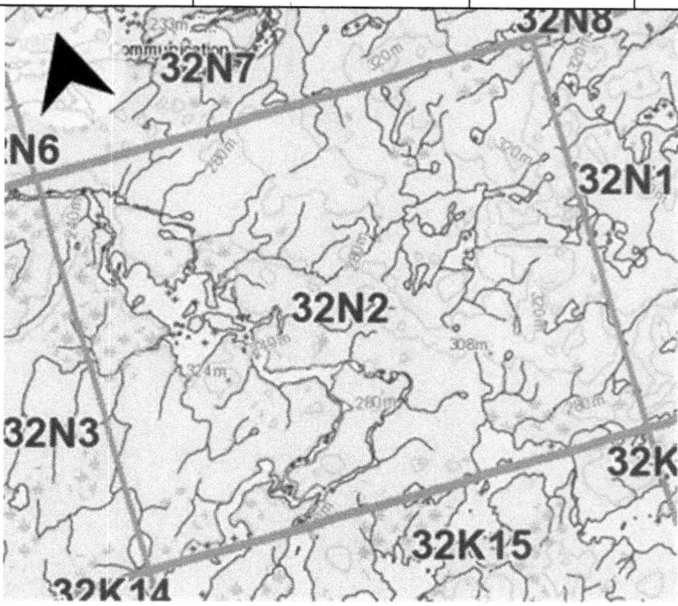

Figure 29 — Carte topographique : secteur 32N/02

Les unités lithologiques associées au secteur 32N/02 sont les suivantes :

4 : Roches métasédimentaires : paragneiss et schiste à biotite, grenat, orthopyroxène, sillimanite, andalousite, cordiérite, staurotide et/ou disthène ; formation de fer, marbre et granite blanc d'anatexie associé aux roches métasédimentaires ; présence commune de roches intrusives et volcaniques.

9 : Granitoïdes pré- à syntectoniques: gneiss tonalitique et trondhjémitique; gneiss non subdivisé ; quantité mineure de diorite.

L'occurrence toponymique : *La rivière aux eaux noires* est en relation avec les unités lithologiques **4** et **9**.

Toponymes divers associés aux feuillets SNRC
« La pierre pour fabriquer des pipes »
Mine Québec-Chibougamau

Deux occurrences

Toponyme	Feuillet	Coordonnées géographiques	
		Latitude	Longitude
Uspwakanasini Aytach, Îles soit *les îles où il y a la pierre pour fabriquer des pipes*	33D/10	52° 44'	78° 52'

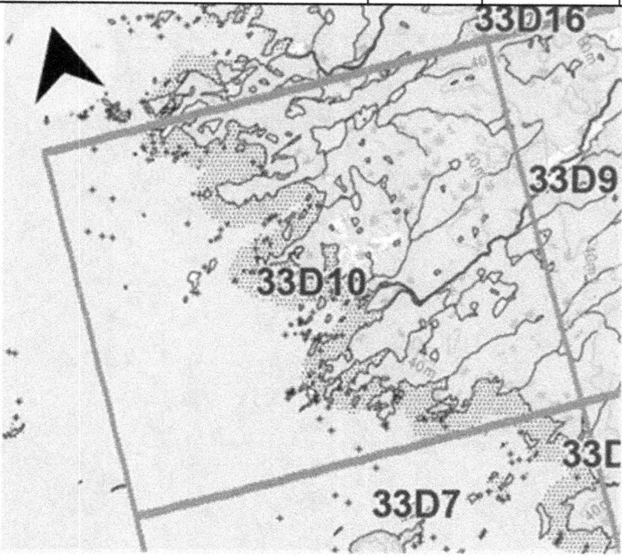

Figure 30 — Carte topographique : secteur 33D/10

Les unités lithologiques associées au secteur 33D/10 sont les suivantes :

13 : Roches tonalitiques syn- à tarditectoniques : tonalite, trondhjémite et granodiorite ; quantité mineure de diorite et de monzodiorite.

14 : Roches granitiques syn- à tarditectoniques : granite, granodiorite, monzonite et syénite ; quantité mineure de diatexite.

L'occurrence toponymique : *Les îles où il y a la pierre pour fabriquer des pipes* est en relation avec les unités lithologiques **13** et **14**.

Toponyme	Feuillet	Coordonnées géographiques	
		Latitude	Longitude
Mine-Québec-Chibougamau soit *lieu de rencontre*	32G/16	49° 53'	74° 18'

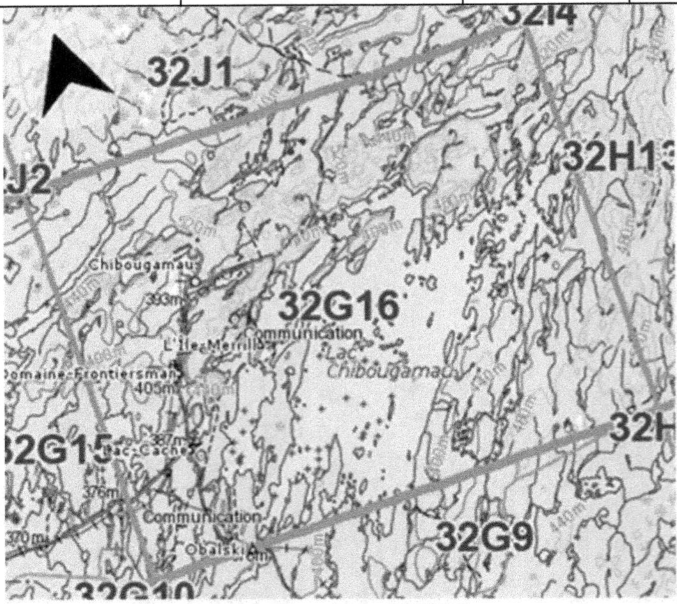

Figure 31 — Carte topographique : secteur 32G/16

Les unités lithologiques associées au secteur 32G/16 sont les suivantes :

2 : Roches volcaniques mafiques et intermédiaires : basalte, andésite et roches pyroclastiques ; quantité mineure d'amphibolite, de roches volcaniques felsiques et ultramafiques, d'intrusions mafiques et de roches sédimentaires.

3 : Roches volcaniques felsiques : rhyolite, rhyodacite, dacite, roches pyroclastiques et intrusions porphyriques felsiques ; quantité mineure de roches volcaniques intermédiaires et mafiques et de roches sédimentaires.

7 : Roches intrusives mafiques : gabbro, gabbronorite, diorite et complexe de carbonatite ; quantité mineure de roches ultramafiques intrusives et extrusives.

8 : Complexes stratiformes : anorthosite, gabbro et pyroxénite.

13 : Roches tonalitiques syn- à tarditectoniques : tonalite, trondhjémite et granodiorite ; quantité mineure de diorite et de monzodiorite.

16 : Argilite, wacke, conglomérat et tillite (Groupe de Cobalt et Formation de Chibougamau).

L'occurrence toponymique : *Lieu de rencontre* est en relation avec l'unité lithologique **8**.

3.2 Conclusion

Après avoir présenté l'analyse lithologique par toponyme et par secteur (feuillets *SNRC*), nous allons regrouper des ensembles toponyme/secteur en prenant en compte un groupe de toponymes figurant sur la même zone ou encore des secteurs ayant des frontières communes et présentant des unités lithologiques semblables. Nous supposons que les informations rassemblées et analysées sous cet angle pourraient donner une approche plus globale des unités lithologiques repérées pour chacun des toponymes. Nous précisons également que les secteurs situés dans le sud (feuillets 32) ont une géologie plus détaillée que dans le nord, cette dernière zone ayant été moins explorée. Les toponymes présentés dans les tableaux 3.8 et suivants font partie de la même zone même s'ils réfèrent à des caractéristiques différentes.

Tableau 3.8 – Toponymes et unités lithologiques par regroupement de secteurs (3 occurrences)

Toponyme	*Signification*	*Feuillet*	*Latitude*	*Longitude*
Satayaw, Ruisseau	Le ruisseau où c'est brillant	33M/01	55° 09'	78° 07'
Satayaw Sakahikan	Le lac où c'est brillant	33M/01	55° 05'	78° 07'
Kawasikusu	Le lac où on peut apercevoir quelque chose d'argenté dans l'eau	33N/02	55° 03'	76° 51'

2a : Amphibolite, métabasalte et gneiss mafique.

10 : Granitoïdes syn- à tarditectoniques non subdivisés.

14 : Roches granitiques syn- à tarditectoniques : granite, granodiorite, monzonite et syénite ; quantité mineure de diatexite.

19 : Arénite, dolomie à stromatolites et basalte (groupes de Richmond Gulf et de Nastapoka).

Tableau 3.9 – Toponymes et unités lithologiques par regroupement de secteurs (2 occurrences)

Toponyme	*Signification*	*Feuillet*	*Latitude*	*Longitude*
Wiyapiskuchi, Mont	Le mont du rocher blanc	33P/15	55° 53'	72° 49'
Wiywapiskuchi	La montagne où il y a un rocher blanc	33P/10	55° 45'	72° 50'

7 : Roches intrusives mafiques : gabbro, gabbronorite, diorite et complexe de carbonatite ; quantité mineure de roches ultramafiques intrusives et extrusives.

12 : Granitoïdes à orthopyroxène syn- à tarditectoniques : enderbite, opdalite, charnockite et orthogneiss granulitique ; quantité mineure de diatexite à orthopyroxène, de roches métasédimentaires et d'intrusions mafiques à ultramafiques.

13 : Roches tonalitiques syn- à tarditectoniques : tonalite, trondhjémite et granodiorite ; quantité mineure de diorite et de monzodiorite.

14 : Roches granitiques syn- à tarditectoniques : granite, granodiorite, monzonite et syénite ; quantité mineure de diatexite.

18 : Arénite, conglomérat et mudrock (Formation de Sakami).

Tableau 3.10 – Toponymes et unités lithologiques par regroupement de secteurs (6 occurrences)

Toponyme	*Signification*	*Feuillet*	*Latitude*	*Longitude*
Awapakamich, Lac	Le lac à l'eau blanche (laiteuse)	33F/10	53° 34'	76° 50'
Awapakamich, Passe	La passe à l'eau blanche (laiteuse)	33F/10	53° 35'	76° 41'
Kawapakamich	Les lacs blancs	33F/08	53° 27'	76° 22'
Awapakamich, Lac	Le lac à l'eau blanche (laiteuse)	33G/14	53° 46'	75° 16'
Kawasitauchitin, Lac	Le lac au sable brillant (?)	33F/01	53° 14'	76° 04'
Kawayasakamikaw, Lac	Le lac brillant	33B/13	52° 49'	75° 38'

2a : Amphibolite, métabasalte et gneiss mafique.

4 : Roches métasédimentaires : paragneiss et schiste à biotite, grenat, orthopyroxène, sillimanite, andalousite, cordiérite, staurotide et/ou disthène ; formation de fer, marbre et granite blanc d'anatexie associé aux roches métasédimentaires ; présence commune de roches intrusives et volcaniques.

9 : Granitoïdes pré- à syntectoniques : gneiss tonalitique et trondhjémitique ; gneiss non subdivisé ; quantité mineure de diorite.

13 : Roches tonalitiques syn- à tarditectoniques : tonalite, trondhjémite et granodiorite ; quantité mineure de diorite et de monzodiorite.

14 : Roches granitiques syn- à tarditectoniques : granite, granodiorite, monzonite et syénite ; quantité mineure de diatexite.

18 : Arénite, conglomérat et mudrock (Formation de Sakami).

Tableau 3.11 – Toponymes et unités lithologiques par regroupement de secteurs (7 occurrences)

Toponyme	*Signification*	*Feuillet*	*Latitude*	*Longitude*
Kawaseyapiskau, Lac	Le lac au rocher brillant	32K/12	50° 37'	77° 36'
Echiskaputuniskach, Pointe	La pointe de la falaise d'argile	32M/07	51° 29'	78° 41'
Chischukash	Le ruisseau de la petite argile	32M/15	51° 59'	78° 42'
Ewashischukach	Le ruisseau de la baie argileuse	32M/11	51° 31'	79° 14'
Chischukash Ruisseau	Le ruisseau de la petite argile	32M/08	51° 20'	78° 26'
Kawashapischeshich, Colline	Le rocher aux reflets brillants	32M/01	51° 03'	78° 25'
Kasuwekaukasich, Portage	Le portage du sommet sablonneux	32N/12	51° 43'	77° 36'

2a : Amphibolite, métabasalte et gneiss mafique.

4 : Roches métasédimentaires : paragneiss et schiste à biotite, grenat, orthopyroxène, sillimanite, andalousite, cordiérite, staurotide et/ou disthène ; formation de fer, marbre et granite blanc d'anatexie associé aux roches métasédimentaires ; présence commune de roches intrusives et volcaniques.

7 : Roches intrusives mafiques : gabbro, gabbronorite, diorite et complexe de carbonatite ; quantité mineure de roches ultramafiques intrusives et extrusives.

9 : Granitoïdes pré- à syntectoniques : gneiss tonalitique et trondhjémitique ; gneiss non subdivisé ; quantité mineure de diorite.

14 : Roches granitiques syn- à tarditectoniques : granite, granodiorite, monzonite et syénite ; quantité mineure de diatexite.

96 : Calcaire, shale et grès (Groupe d'Anticosti) ; calcaire, dolomie, chert, gypse et anhydrite (formations de Rivière Ekwan, de Rivière Severn et de Kénogami).

98 : Grès et arkose (Formation de Sextant).

Tableau 3.12 – Toponymes et unités lithologiques par regroupement de secteurs (3 occurrences)				
Toponyme	*Signification*	*Feuillet*	*Latitude*	*Longitude*
Mine-Opémisca	Les rétrécis sablonneux	32G/15	49° 47'	74° 51'
Mine-Québec-Chibougamau	Lieu de rencontre	32G/16	49° 53'	74° 18'
Kawipinagasse, Île	L'île noire (?)	32I/05	50° 29'	73° 51'

2 : Roches volcaniques mafiques et intermédiaires : basalte, andésite et roches pyroclastiques ; quantité mineure d'amphibolite, de roches volcaniques felsiques et ultramafiques, d'intrusions mafiques et de roches sédimentaires.

3 : Roches volcaniques felsiques : rhyolite, rhyodacite, dacite, roches pyroclastiques et intrusions porphyriques felsiques ; quantité mineure de roches volcaniques intermédiaires et mafiques et de roches sédimentaires.

5 : Roches sédimentaires : wacke, mudrock, conglomérat et formation de fer.

7 : Roches intrusives mafiques : gabbro, gabbronorite, diorite et complexe de carbonatite ; quantité mineure de roches ultramafiques intrusives et extrusives.

8 : Complexes stratiformes : anorthosite, gabbro et pyroxénite.

9 : Granitoïdes pré- à syntectoniques: gneiss tonalitique et trondhjémitique ; gneiss non subdivisé ; quantité mineure de diorite.

13 : Roches tonalitiques syn- à tarditectoniques : tonalite, trondhjémite et granodiorite ; quantité mineure de diorite et de monzodiorite.

14 : Roches granitiques syn- à tarditectoniques : granite, granodiorite, monzonite et syénite ; quantité mineure de diatexite.

16 : Argilite, wacke, conglomérat et tillite (Groupe de Cobalt et Formation de Chibougamau).

17 : Dolomie à stromatolites, arénite, conglomérat et shale (Supergroupe d'Otish et Groupe de Mistassini).

43 : Gneiss gris à quartz, plagioclase, biotite et/ou hornblende, gneiss mafique à hornblende et/ou biotite et amphibolite.

54 : Gabbro, pyroxénite, troctolite et amphibolite.

57 : Granite et pegmatite.

Tableau 3.13 – Toponymes et unités lithologiques par regroupement de secteurs (2 occurrences)

Toponyme	*Signification*	*Feuillet*	*Latitude*	*Longitude*
Kawaseyaukasu, Ruisseau	Le ruisseau au sable blanc étincelant	32O/04	51° 10' 21	75° 35' 25
Kawashekamach, Lac	Le lac aux eaux miroitantes	32O/12	51° 32' 15	75° 35' 05

4 : Roches métasédimentaires : paragneiss et schiste à biotite, grenat, orthopyroxène, sillimanite, andalousite, cordiérite, staurotide et/ou disthène ; formation de fer, marbre et granite blanc d'anatexie associé aux roches métasédimentaires ; présence commune de roches intrusives et volcaniques.

9 : Granitoïdes pré- à syntectoniques : gneiss tonalitique et trondhjémitique ; gneiss non subdivisé ; quantité mineure de diorite.

14 : Roches granitiques syn- à tarditectoniques : granite, granodiorite, monzonite et syénite ; quantité mineure de diatexite.

Tableau 3.14 – Toponymes et unités lithologiques par regroupement de secteurs (4 occurrences)

Toponyme	*Signification*	*Feuillet*	*Latitude*	*Longitude*
Uspwakanasini Aytach, Îles	Les îles où il y a la pierre pour fabriquer des pipes	33D/10	52° 44'	78° 52'
Kawipapiskastikw	La rivière de la roche noire	33D/10	52° 41'	78° 44'
Kawipapiskaw, Baie	La baie de la roche noire	33D/10	52° 43'	78° 47'
Kawipapiskaw, Lac	Le lac de la roche noire	33D/10	52° 43'	78° 41'

13 : Roches tonalitiques syn- à tarditectoniques : tonalite, trondhjémite et granodiorite ; quantité mineure de diorite et de monzodiorite.

14 : Roches granitiques syn- à tarditectoniques : granite, granodiorite, monzonite et syénite ; quantité mineure de diatexite.

Tableau 3.15 – Toponymes et unités lithologiques par regroupement de secteurs (2 occurrences)

Toponyme	*Signification*	*Feuillet*	*Latitude*	*Longitude*
Makatewakamistikw, Bras	La rivière aux eaux noires	32N/02	51° 14'	76° 57'
Makatewakamu, Lac	La rivière aux eaux noires	32N/02	51° 08'	76° 37'

4 : Roches métasédimentaires : paragneiss et schiste à biotite, grenat, orthopyroxène, sillimanite, andalousite, cordiérite, staurotide et/ou disthène ; formation de fer, marbre et granite blanc d'anatexie associé aux roches métasédimentaires ; présence commune de roches intrusives et volcaniques.

9 : Granitoïdes pré- à syntectoniques : gneiss tonalitique et trondhjémitique ; gneiss non subdivisé ; quantité mineure de diorite.

Tableau 3.16 – Toponymes et unités lithologiques par regroupement de secteurs (1 occurrence)				
Toponyme	*Signification*	*Feuillet*	*Latitude*	*Longitude*
Kachuchusinapuwakamich, Ruisseau	Le ruisseau aux eaux laiteuses	32N/16	51° 47'	76° 23'

2a : Amphibolite, métabasalte et gneiss mafique.

9 : Granitoïdes pré- à syntectoniques : gneiss tonalitique et trondhjémitique ; gneiss non subdivisé ; quantité mineure de diorite.

14 : Roches granitiques syn- à tarditectoniques : granite, granodiorite, monzonite et syénite ; quantité mineure de diatexite.

Tableau 3.17 – Toponymes et unités lithologiques par regroupement de secteurs (1 occurrence)				
Toponyme	*Signification*	*Feuillet*	*Latitude*	*Longitude*
Mistaukau Sakahikan	Le lac de la grande étendue de sable	32L/01	50° 08'	78° 19'

2a : Amphibolite, métabasalte et gneiss mafique.

9 : Granitoïdes pré- à syntectoniques: gneiss tonalitique et trondhjémitique ; gneiss non subdivisé ; quantité mineure de diorite.

CHAPITRE IV

Toponymes descriptifs se référant à la carte géologique du Québec

4.1 Introduction

Dans ce chapitre, l'étude portera sur la corrélation réelle, supposée, ou inexistante, entre les toponymes descriptifs référant aux unités lithologiques et la carte géologique du Québec. Ces travaux sont une compilation de l'ensemble des feuillets *SNRC* (Système national de référence cartographique du Canada) présentés dans le premier chapitre et le troisième chapitre. Ils figureront par ordre ascendant ce qui correspond sur la carte à une direction sud/nord. Le nombre d'occurrences toponymiques étudiées précédemment est de 73 ; elles figurent dans le tableau 4.1.

Tableau 4.1 – Toponymes associés aux feuillets *SNRC* (73 occurrences)

Toponyme	*Signification*	*Feuillet*	*Latitude*	*Longitude*
Otish, Monts	La petite montagne	23D/03	52° 10'	71° 20'
Kaawaaschaiyaames kaash Saakahiikan	Le lac au sable fin [?]	23D/04	52° 09'	71° 43'
Otish, Monts	La petite montagne	23D/07	52° 18'	70° 37'
Opémisca, Lac	Le lac des rétrécis sablonneux	23D/11	52° 45'	71° 15'
Opémisca, Lac	Le lac des rétrécis sablonneux	23D/12	52° 42'	71° 35'
Mine-Opémisca	Les rétrécis sablonneux	32G/15	49° 47'	74° 51'
Mine-Québec-Chibougamau	Lieu de rencontre	32G/16	49° 53'	74° 18'
Kawipinagasse, Île	L'île noire (?)	32I/05	50° 29'	73° 51'
Kawaseyapiskau, Lac	Le lac au rocher brillant	32K/12	50° 37'	77° 36'
Miyachisachistuwach, Lac	La dernière charge du lac à l'eau jaune	32K/12	50° 33'	77° 54'
Miyachisachistuwach, Lac	La dernière charge du lac à l'eau jaune	32K/13	50° 59'	77° 51'
Usawakami Sakahikan	Le lac aux eaux jaunes	32K/13	50° 58'	77° 54'
Wiminuchi Sakahikan	Le lac de la montagne du vermillon	32K/13	50° 53'	77° 50'
Wiminchi, Colline	La colline du vermillon	32K/13	50° 56'	77° 53'
Mistaukau Sakahikan	Le lac de la grande étendue de sable	32L/01	50° 08'	78° 19'
Kawashapischeshich, Colline	Le rocher aux reflets brillants	32M/01	51° 03'	78° 25'
Usawakamiu, Marais	Le marais aux eaux	32M/07	51° 17'	78° 31'

	jaunes			
Usawakamiu, Ruisseau	Le ruisseau aux eaux jaunes	32M/07	51° 17'	78° 35'
Usawakamiu	La rivière aux eaux jaunes	32M/07	51° 18'	78° 35'
Echiskaputuniskach, Pointe	La pointe de la falaise d'argile	32M/07	51° 29'	78° 41'
Chischukash Ruisseau	Le ruisseau de la petite argile	32M/08	51° 20'	78° 26'
Ewashischukach	Le ruisseau de la baie argileuse	32M/11	51° 31'	79° 14'
Chischukash	Le ruisseau de la petite argile	32M/15	51° 59'	78° 42'
Makatewakamistikw, Bras	La rivière aux eaux noires	32N/02	51° 14'	76° 57'
Makatewakamu, Lac	La rivière aux eaux noires	32N/02	51° 08'	76° 37'
Usawakamiu, Lac	Le lac aux eaux jaunes	32N/04	51° 01'	77° 46'
Kamikwakamach	Le lac aux eaux rouges	32N/06	51° 21'	77° 11'
Kasuwekaukasich, Portage	Le portage du sommet sablonneux	32N/12	51° 43'	77° 36'
Usawakami, Ruisseau	Le ruisseau aux eaux jaunes	32N/12	51° 41' 10"	77° 44' 05"
Kachuchusinapuwakamich, Ruisseau	Le ruisseau aux eaux laiteuses	32N/16	51° 47'	76° 23'
Kawaseyaukasu, Ruisseau	Le ruisseau au sable blanc étincelant	32O/04	51° 10' 21"	75° 35' 25"
Kawashekamach, Lac	Le lac aux eaux miroitantes	32O/12	51° 32' 15"	75° 35' 05"
Mistassini, Pointe de	Le nom cri signifie « les gros rochers »	32P/03	51° 08'	73° 08'
Mistassini-1	Camp dont la partie crie du nom signifie « les gros rochers »	32P/04	51° 05'	73° 53'
Mistassini-10	Camp dont la partie crie du nom signifie « les gros rochers »	32P/04	51° 08'	73° 46'
Mistassini-12	Camp dont la partie crie du nom signifie « les gros rochers »	32P/04	51° 06'	74° 00'
Natastin, Lac	Le lac aux eaux mortes	32P/04	51° 04'	73° 52'
Great Lake Mistassini	Dénomination crie signifiant « le lac aux gros rochers »	32P/04	51° 00'	73° 37'

Wachimiscau, Péninsule	La pointe sablonneuse	32P/06	51° 17'	73° 04'
Mistassini, Réserve de	Réserve de chasse et de pêche dont le nom cri signifie « les gros rochers »	32P/06	51° 30'	73° 15'
Cawatstacau ou Kowatstakau, Rivière	La rivière au sable blanc	32P/13	51° 58' 47"	73° 35' 09"
Kaaupaunahkau Siipii	La rivière de la passe sablonneuse	33A/15	52° 57'	72° 57'
Kawayasakamikaw, Lac	Le lac brillant	33B/13	52° 49'	75° 38'
Ausaukwanuch, Lac	Le lac où on voit un reflet jaune	33C/12	52° 37'	77° 47'
Kamikwapuschikaw, Lac	Le lac à la boue rouge	33C/12	52° 30'	77° 35'
Kawipapiskastikw	La rivière de la roche noire	33D/10	52° 41'	78° 44'
Kawipapiskaw, Baie	La baie de la roche noire	33D/10	52° 43'	78° 47'
Kawipapiskaw, Lac	Le lac de la roche noire	33D/10	52° 43'	78° 41'
Uspwakanasini Aytach, Îles	Les îles où il y a la pierre pour fabriquer des pipes	33D/10	52° 44'	78° 52'
Akapitayapiskach, Anse	La baie des rochers en strates	33D/10	52° 34'	78° 44'
Akipitayapiskach, Falaise	La pointe des rochers en strates	33E/02	53° 01'	78° 59'
Kawasitauchitin, Lac	Le lac au sable brillant (?)	33F/01	53° 14'	76° 04'
Wiminuchistikw, Ruisseau	Le ruisseau de la montagne du vermillon	33F/02	53° 10'	76° 57'
Kamikwasisakaw, Ruisseau	Le ruisseau aux rochers rouges	33F/02	53° 04'	76° 52'
Kawapakamich	Les lacs blancs	33F/08	53° 27'	76° 22'
Awapakamich, Lac	Le lac à l'eau blanche (laiteuse)	33F/10	53° 34'	76° 50'
Awapakamich, Passe	La passe à l'eau blanche (laiteuse)	33F/10	53° 35'	76° 41'
Awapakamich, Lac	Le lac à l'eau blanche (laiteuse)	33G/14	53° 46'	75° 16'
Kamihkusakaw, Lac	Le lac aux rochers rouges	33K/05	54° 25'	77° 38'
Kamikwakwasich, Lac	Le lac… rouge	33K/13	54° 49'	77° 38'

Amikukiwasich, Lac	Le lac rouge	33L/08	54° 17'	78° 06'
Kamikuwach Uministikumawaw	L'île des caps rouges	33L/12	54° 37'	79° 43'
Satayaw, Ruisseau	Le ruisseau où c'est brillant	33M/01	55° 09'	78° 07'
Satayaw Sakahikan	Le lac où c'est brillant	33M/01	55° 05'	78° 07'
Auchikapatanuch, Portage	Le court portage de l'eau ocre (?)	33N/02	55° 09'	76° 58'
Kawasikusu	Le lac où on peut apercevoir quelque chose d'argenté dans l'eau	33N/02	55° 03'	76° 51'
Auchikapatanuch, Portage	Le court portage de l'eau ocre (?)	33N/03	55° 11'	77° 24'
Kamikwapiskach, Ruisseau	Le ruisseau aux rochers rouges	33N/05	55° 24'	77° 33'
Wimin	L'endroit où il y a du vermillon (peinture)	33N/06	55° 27'	77° 28'
Wimin Atat Sipis	La rivière où on trouve du vermillon (peinture)	33N/06	55° 27' 29"	77° 27' 40"
Amimakwausakach, Falaise	La falaise aux rochers rouges	33O/04	55° 02'	75° 38'
Wiywapiskuchi	La montagne où il y a un rocher blanc	33P/10	55° 45'	72° 50'
Wiyapiskuchi, Mont	Le mont du rocher blanc	33P/15	55° 53'	72° 49'

Dans le tableau 4.2 figure la liste des feuillets *SNRC* où sont situés les différents toponymes qui ont été étudiés durant cette recherche (février 2012 – juin 2012).

Tableau 4.2 – Liste des feuillets *SNRC* impliqués dans la compilation des toponymes cris				
23D/03	23D/04	23D/07	23D/11	23D/12
32G/15	32G/16	32I/05	32K/12	32K/13
32L/01	32M/01	32M/07	32M/08	32M/11
32M/15	32N/02	32N/04	32N/06	32N/12
32N/16	32O/04	32O/12	32P/03	32P/04
32P/06	32P/13	33A/15	33B/13	33C/12
33D/10	33E/02	33F/01	33F/02	33F/08
33F/10	33G/14	33K/05	33K/13	33L/08
33L/12	33M/01	33N/02	33N/03	33N/05
33N/06	33O/04	33P/10	33P/15	

Dans cette section, nous reprendrons l'ensemble des caractéristiques des 73 toponymes étudiés et nous les associerons à des spécificités géologiques repérées à partir de la structure ou de la couleur, et ceci par ordre alphabétique. Par ailleurs, nous retrouverons également des tableaux avec des indices géologiques en relation avec la couleur jaune, la couleur ocre et la couleur rouge qui avaient déjà fait l'objet d'une présentation dans le chapitre 1. Cette redondance est voulue afin de permettre au lecteur d'avoir une vision plus globale des unités lithologiques étudiées.

- **ARGILE (4 toponymes)**

L'argile fait partie de la famille des ***lutites*** (ou ***pélites***), soit des « [...] roches argileuses meubles ou consolidées » (Schumann, 2010, p. 276). Nous trouvons notamment les ***argiles grasses***, ***maigres*** et ***gores***, la ***bentonite***, les ***lehms***, les ***marnes***, le ***lœss***, le ***kaolin***, l'***argile schisteuse***.

- **BLANCHE/LAITEUSE (7 toponymes)**

Selon Abréal « Le ***quartz*** pour ne citer que celui-ci peut être rencontré sous toute la gamme des couleurs ou presque : incolore, blanc, violet en tant qu'améthyste, bleu rarement, jaune orangé en tant que citrine, rouge hématoïde ou encore noir fumé ou morion » (2002, p. 1). Le groupe de ***quartz*** constitué de ***silice*** comprend : « le ***quartz***, l'***opale***, ainsi que des minéraux plus rares comme la ***trydimite***, la ***cristobalite***, la ***coesite*** et la ***stishovite*** » (Schumann, 2010, p. 36). Dans la famille des roches carbonatées, nous trouvons le ***calcaire*** qui est, selon l'auteur précité, « une roche monominérale, formée essentiellement d'une seule espèce minérale, soit la ***calcite***, qui peut atteindre des proportions de 95 % » (*ibid.*, p. 280). Sa présence dans l'eau pourrait donner à cette dernière une couleur laiteuse.

- **BRILLANT, ARGENTÉ, MIROITANT (7 toponymes)**

En dehors des descriptions de type général, nous trouvons, dans cette série, des adjectifs qui permettent de caractériser l'objet observé tels qu'« étincelant » et « brillant » et c'est à partir de ces spécifications que notre analyse va prendre place. Des ***micas***, Schumann précise qu'ils ont « un aspect scintillant micacé » (*ibid.*, p. 46) (tableau 4.3).

Tableau 4.3 – Quelques types de minéraux avec les mentions : brillant, miroitant et argenté

Minéral	*Description et types de gisement*
Classe des Sulfures de semi-métaux ***Stibine***	Prismes allongés à aciculaires, souvent striés. Gris à éclat métallique, brillant. (Deferne, 2010, p. 19)
Berthierite	Prismes striés verticalement, mouchets fibro-radiés, masse fibreuse. Gris foncé, éclat métallique.
Bismuthinite	Agrégats lamellaires, masse clivable. Gris de plomb à blanc, éclat métallique, reflets jaunâtres.
Groupe de l'épidote ***Épidote***	Prismes longs. Vert jaune à vert foncé, noir. Éclat vitreux, brillant. Dans les roches métamorphiques.

- **EAU MORTE (1 toponyme)**

Le toponyme suivant : Natastin, Lac ou *le lac aux eaux mortes* (feuillet 32P/04, latitude : 51°04', longitude : 73°52') dont l'intitulé, évoque des eaux qui ne sont pas propices à la vie. Ce phénomène serait-il causé par la présence de tel ou tel minéral qui donnerait ce caractère à ces eaux (***uranium***) ?

- **JAUNE/OCRE (11 toponymes)**

Le terme « ocre » a pour signification : « Substance colorante naturelle, d'un jaune plus ou moins accentué, constituée par de l'***argile*** et des ***oxydes de fer hydraté*** (ocre jaune), ***anhydre*** (ocre rouge/sanguine), parfois mélangés d'***oxyde de manganèse*** (ocre brune)[28] ». La couleur « brun/ocre » dans une roche se retrouve souvent associée à l'altération ***potassique*** provenant de la ***séricite***, de la ***biotite*** et des ***feldspaths potassiques***.

[28] *Cf. Trésor de la langue française informatisé* (*TLFi*) consultable par lien *URL* : http://atilf.atilf.fr/

Tableau 4.4 – Indices géologiques de couleur jaune et ocre	
Minéraux de couleur jaune et ocre	*Caractéristiques*
Oxydes de fer hydraté	Synonyme de ***goethite*** (Schumann, 2010, p. 106)
Anhydre	*Classe* : ***Sulfates*** Description : Cette sous-classe comprend des composés formés avec des radicaux (SO4). Elle comprend environ 270 espèces et variétés, ***hydratées*** ou ***anhydres***, que l'on trouve dans tous les types de terrain[29].
Oxyde de manganèse	Pas d'information
Séricite	***Roche métamorphique*** (Schumann, 2010, p. 46)
Biotite (groupe des ***micas***)	*Nom* : ***Biotite***[30] *Classe* : ***Phyllosilicates*** *Système cristallin* : Monoclinique *Formule* : K(Mg, Fe) 3(Si3Al)O10 (OH, F) 2
Feldspaths potassiques	*Nom* : ***Feldspath***[31] *Classe* : ***Tectosilicates*** *Système cristallin* : Monoclinique

- **MINE-QUÉBEC-CHIBOUGAMAU (1 toponyme)**

Ainsi que le souligne le Ministère des Ressources naturelles et de la Faune (MRNF)[32] : « Le district minier de Chibougamau recèle un potentiel reconnu pour le cuivre et l'or ».

- **NOIR (6 toponymes)**

Ainsi que le mentionne Abréal : « La présence de carbone en fine dispersion, soit amorphe, soit sous la forme de ***graphite***, peut-être la cause de nuances de gris au noir pour certains minéraux » (2010, p. 22). Certains minéraux comme les cuivres gris peuvent également présenter cette couleur comme l'***énargite*** dont la couleur varie du « […] noir à gris acier. Éclat métallique à la cassure » (Deferne, 2010, p. 20).

---

[29] http://webmineral.brgm.fr:8003/mineraux/Main.html
[30] *Ibid.*
[31] *Ibid.*
[32] http://www.mrnf.gouv.qc.ca/mines/quebec-mines/2003-06/chibougamau.jsp

- **PIERRE POUR FABRIQUER DES PIPES (1 toponyme)**

Les pipes ou calumets étaient faits en terre ou encore à partir de pierres diverses prélevées dans leur environnement comme la pierre stéatite noire, grise ou verte, ou la catlinite, pierre marron-rouge. Par ailleurs, dans un ouvrage dédié à l'histoire du tabac, Ferland et associés, mentionne : « À proximité de la chute Montmorency, ainsi que dans la grande rivière des Outaouais, existent des gisements d'une pierre 'jaunâtre à l'extérieur et blanchâtre à l'intérieur (...) une espèce d'albâtre ou marbre blanc tendre, dont on fait les calumets' » (2007, p. 99).

- **ROCHE/MONTAGNE (8 toponymes)**

L'occurrence « rocher/montagne » caractérise 8 toponymes. Le terme « roche » recouvre le sens de : « masse de pierre escarpée, isolée, formant bloc à la surface du sol ». Le terme « rocher » renvoie donc aux ***affleurements*** sur lesquels les géologues de terrain prélèvent des échantillons.

- **ROUGE (14 toponymes)**

L'adjectif « rouge » caractérise 14 toponymes et renvoie à différents types possibles de roche. En géologie, la couleur rouge signifie souvent un apport primaire ou secondaire de composés riches en ***fer*** comme l'***hématite***, la ***pyrite***, la ***magnétite***, l'***ankérite*** (tableau 4.5).

Tableau 4.5 – Indices géologiques de couleur rouge

Minéraux de couleur rouge	*Caractéristiques*
Hématite	Mode de gisement : minéral accessoire dans de nombreuses roches. *Couleur* : gris-noir, brun-rouge, irisations multicolores. (Schumann, 2010, p. 104)
Pyrite	*Nom* : ***Pyrite*** *Classe* : ***Sulfures*** La sous-classe des ***sulfures*** est la plus importante de la classe (environ 380 espèces et variétés). Elle est habituellement divisée en séries comprenant des minéraux de structure identique (sous-classes de la

	sphalérite, de la ***galène***, etc.) La formule générale est XaYb, X désignant les ***éléments métalliques***, Y le ***soufre***[33].
Magnétite	*Nom* : ***Magnétite*** *Classe* : **Oxydes**. Comme son nom l'indique, ce minerai est fortement magnétique.
Ankérite	*Nom* : ***Ankérite*** *Classe* : **Carbonates** La sous-classe des ***carbonates*** renferme 182 espèces et variétés minérales au nombre desquels des minéraux majeurs de l'écorce terrestre comme la ***calcite*** et la ***dolomite***. Incolores ou de couleur variable, liée à la nature des cations contenus, leur dureté est faible, inférieure à 5 pour la plupart. Les plus communs font effervescence aux acides[34].

- **SABLE (11 toponymes)**

Selon le *TLFi*[35], le sable est une « roche sédimentaire meuble, constituée de petits fragments provenant de la désagrégation de roches de nature diverse (notamment silice) » ; il s'agit d'un « assemblage meuble de minéraux et de fragments de roches, dont 50 % au moins des éléments ont de 0,002 à 2 mm de diamètre. Les minéraux sont le plus souvent du ***quartz*** et du ***feldspath***, ainsi que du ***mica*** et des ***minéraux lourds*** » (Schumann, 2010, p. 272). En dehors des descriptions de type général, nous trouvons, dans cette série, des adjectifs qui permettent de caractériser l'objet observé tel que « fin » pour « sable fin » et « blanc » pour « sable blanc », et c'est à partir de ces spécifications que notre analyse va prendre place. En effet, la précision « sable fin » montre que cette description renvoie à une « roche meuble, constituée de grains de quartz, d'une dimension de 0,1 à 2 mm. Au-dessus de 2 mm, gravier et galets » (*Lexique de Géologie*[36]). Pour ce qui est de la précision : « sable blanc », elle laisse supposer que ce sable, à cause de sa couleur, contiendrait de la silice en quantité plus importante. La ***silice*** ou ***dioxyde de silicium*** (*SiO2*) est un groupe qui « comprend les minéraux presque uniquement composés de ***silice***. Certains sont cristallisés, tels que le

[33] http://webmineral.brgm.fr:8003/mineraux/Main.html
[34] *Ibid.*
[35] *Cf. Trésor de la langue française informatisé* consultable par le lien URL : http://atilf.atilf.fr/
[36] http://operabaroque.fr/Lexique.htm

quartz, la ***trydimite*** et la ***cristobalite*** ; d'autres, généralement rassemblés sous le nom de ***calcédoine***, sont cryptocristallins ; l'opale est amorphe » (Hamilton, Woolley, Bishop, 1990, p. 128).

- **STRATE (2 toponymes)**

L'unité lexicale « strates » caractérise 2 toponymes. La stratification est une des propriétés des roches sédimentaires. Comme le souligne Schumann : « Certains minéraux se rencontrent uniquement, ou principalement, dans les roches sédimentaires. Ce sont les ***évaporites***, de nombreux ***carbonates***, quelques ***sulfates*** et quelques ***phosphates***, ainsi que la plupart des ***minéraux argileux*** » (2010, p. 62).

4.2 Unités lithologiques, feuillets *SNRC* et toponymes cris

Après avoir présenté l'analyse lithologique par toponyme et par secteur (feuillets *SNRC*), nous allons regrouper des ensembles toponyme/secteur en prenant en compte un groupe de toponymes figurant sur la même zone ou encore des secteurs ayant des frontières communes et présentant une unité lithologique semblable. Nous supposons que les informations rassemblées et analysées sous cet angle pourraient donner une approche plus globale des unités lithologiques repérées pour chacun des toponymes. Nous précisons également que les secteurs situés dans le sud (feuillets 32) ont une géologie plus détaillée que dans le nord, cette dernière zone ayant été moins explorée. Ces 73 occurrences figurent sur le tableau 4.1 de l'introduction à ce chapitre.

Tableau 4.6 – Toponymes et unités lithologiques par regroupement de secteurs (5 occurrences)

Toponyme	*Signification*	*Feuillet*	*Latitude*	*Longitude*
Otish, Monts	La petite montagne	23D/03	52° 10'	71° 20'
Kaawaaschaiyaa-meskaash Saakahiikan	Le lac au sable fin [?]	23D/04	52° 09'	71° 43'
Otish, Monts	La petite montagne	23D/07	52° 18'	70° 37'
Opémisca, Lac	Le lac des rétrécis sablonneux	23D/11	52° 45'	71° 15'
Opémisca, Lac	Le lac des rétrécis sablonneux	23D/12	52° 42'	71° 35'

Unités lithologiques repérées dans les secteurs susmentionnés :

2a Amphibolite, métabasalte et gneiss mafique.

13 Roches tonalitiques syn- à tarditectoniques : tonalite, trondhjémite et granodiorite ; quantité mineure de diorite et de monzodiorite.

14 Roches granitiques syn- à tarditectoniques : granite, granodiorite, monzonite et syénite ; quantité mineure de diatexite.

17 Dolomie à stromatolites, arénite, conglomérat et shale (Supergroupe d'Otish et Groupe de Mistassini).

FEUILLETS *SNRC* 32G/15 – 32G/16 – 32I/05

Tableau 4.7 – Toponymes et unités lithologiques par regroupement de secteurs (3 occurrences)

Toponyme	*Signification*	*Feuillet*	*Latitude*	*Longitude*
Mine-Opémisca	Les rétrécis sablonneux	32G/15	49° 47'	74° 51'
Mine-Québec-Chibougamau	Lieu de rencontre	32G/16	49° 53'	74° 18'
Kawipinagasse, Île	L'île noire (?)	32I/05	50° 29'	73° 51'

Unités lithologiques repérées dans les secteurs susmentionnés :

2 : Roches volcaniques mafiques et intermédiaires : basalte, andésite et roches pyroclastiques ; quantité mineure d'amphibolite, de roches volcaniques felsiques et ultramafiques, d'intrusions mafiques et de roches sédimentaires.

3 : Roches volcaniques felsiques : rhyolite, rhyodacite, dacite, roches pyroclastiques et intrusions porphyriques felsiques ; quantité mineure de roches volcaniques intermédiaires et mafiques et de roches sédimentaires.

5 : Roches sédimentaires : wacke, mudrock, conglomérat et formation de fer.

7 : Roches intrusives mafiques : gabbro, gabbronorite, diorite et complexe de carbonatite ; quantité mineure de roches ultramafiques intrusives et extrusives.

8 : Complexes stratiformes : anorthosite, gabbro et pyroxénite.

9 : Granitoïdes pré- à syntectoniques : gneiss tonalitique et trondhjémitique ; gneiss non subdivisé ; quantité mineure de diorite.

13 : Roches tonalitiques syn- à tarditectoniques : tonalite, trondhjémite et granodiorite ; quantité mineure de diorite et de monzodiorite.

14 : Roches granitiques syn- à tarditectoniques : granite, granodiorite, monzonite et syénite ; quantité mineure de diatexite.

16 : Argilite, wacke, conglomérat et tillite (Groupe de Cobalt et Formation de Chibougamau).

17 : Dolomie à stromatolites, arénite, conglomérat et shale (Supergroupe d'Otish et Groupe de Mistassini).

43 : Gneiss gris à quartz, plagioclase, biotite et/ou hornblende, gneiss mafique à hornblende et/ou biotite et amphibolite.

54 : Gabbro, pyroxénite, troctolite et amphibolite.

57 : Granite et pegmatite.

FEUILLETS *SNRC* 32K/12 – 32K/13 – 32M/01- 32M/07 – 32M/08 – 32M/11 – 32M/15 – 32N/04 – 32N/06 – 32N/12

Tableau 4.8 – Toponymes et unités lithologiques par regroupement de secteurs (18 occurrences)

Toponyme	*Signification*	*Feuillet*	*Latitude*	*Longitude*
Kawaseyapiskau, Lac	Le lac au rocher brillant	32K/12	50° 37'	77° 36'
Miyachisachistuwac, Lac	La dernière charge du lac à l'eau jaune	32K/12	50° 33'	77° 54'
Miyachisachistuwach, Lac	La dernière charge du lac à l'eau jaune	32K/13	50° 59'	77° 51'
Usawakami Sakahikan	Le lac aux eaux jaunes	32K/13	50° 58'	77° 54'
Wiminuchi Sakahikan	Le lac de la montagne du vermillon	32K/13	50° 53'	77° 50'
Wiminchi, Colline	La colline du vermillon	32K/13	50° 56'	77° 53'
Kawashapischeshich, Colline	Le rocher aux reflets brillants	32M/01	51° 03'	78° 25'
Usawakamiu, Marais	Le marais aux eaux jaunes	32M/07	51° 17'	78° 31'
Usawakamiu, Ruisseau	Le ruisseau aux eaux jaunes	32M/07	51° 17'	78° 35'
Usawakamiu	La rivière aux eaux jaunes	32M/07	51° 18'	78° 35'
Echiskaputuniskach, Pointe	La pointe de la falaise d'argile	32M/07	51° 29'	78° 41'
Chischukash Ruisseau	Le ruisseau de la petite argile	32M/08	51° 20'	78° 26'
Ewashischukach	Le ruisseau de la baie argileuse	32M/11	51° 31'	79° 14'
Chischukash	Le ruisseau de la petite argile	32M/15	51° 59'	78° 42'
Usawakamiu, Lac	Le lac aux eaux jaunes	32N/04	51° 01'	77° 46'
Kamikwakamach	Le lac aux eaux rouges	32N/06	51° 21'	77° 11'
Usawakami,	Le ruisseau aux	32N/12	51° 41' 10"	77° 44' 05"

Ruisseau	eaux jaunes			
Kasuwekaukasich, Portage	Le portage du sommet sablonneux	32N/12	51° 43'	77° 36'

Unités lithologiques repérées dans les secteurs susmentionnés :

2a : Amphibolite, métabasalte et gneiss mafique.

4 : Roches métasédimentaires : paragneiss et schiste à biotite, grenat, orthopyroxène, sillimanite, andalousite, cordiérite, staurotide et/ou disthène ; formation de fer, marbre et granite blanc d'anatexie associé aux roches métasédimentaires ; présence commune de roches intrusives et volcaniques.

7 : Roches intrusives mafiques : gabbro, gabbronorite, diorite et complexe de carbonatite ; quantité mineure de roches ultramafiques intrusives et extrusives.

9 : Granitoïdes pré- à syntectoniques : gneiss tonalitique et trondhjémitique ; gneiss non subdivisé ; quantité mineure de diorite.

14 : Roches granitiques syn- à tarditectoniques : granite, granodiorite, monzonite et syénite ; quantité mineure de diatexite.

96 : Calcaire, shale et grès (Groupe d'Anticosti) ; calcaire, dolomie, chert, gypse et anhydrite (formations de Rivière Ekwan, de Rivière Severn et de Kénogami).

98 : Grès et arkose (Formation de Sextant).

FEUILLETS *SNRC* 32L/01

Tableau 4.9 – Toponymes et unités lithologiques par regroupement de secteurs (1 occurrence)				
Toponyme	*Signification*	*Feuillet*	*Latitude*	*Longitude*
Mistaukau Sakahikan	Le lac de la grande étendue de sable	32L/01	50° 08'	78° 19'

Unités lithologiques repérées dans le secteur susmentionné :

2a : Amphibolite, métabasalte et gneiss mafique.

9 : Granitoïdes pré- à syntectoniques : gneiss tonalitique et trondhjémitique ; gneiss non subdivisé ; quantité mineure de diorite.

FEUILLETS *SNRC* 32N/02

Tableau 4.10 – Toponymes et unités lithologiques par regroupement de secteurs (2 occurrences)

Toponyme	*Signification*	*Feuillet*	*Latitude*	*Longitude*
Makatewakamistikw, Bras	La rivière aux eaux noires	32N/02	51° 14'	76° 57'
Makatewakamu, Lac	La rivière aux eaux noires	32N/02	51° 08'	76° 37'

Unités lithologiques repérées dans le secteur susmentionné :

4 : Roches métasédimentaires : paragneiss et schiste à biotite, grenat, orthopyroxène, sillimanite, andalousite, cordiérite, staurotide et/ou disthène ; formation de fer, marbre et granite blanc d'anatexie associé aux roches métasédimentaires ; présence commune de roches intrusives et volcaniques.

9 : Granitoïdes pré- à syntectoniques : gneiss tonalitique et trondhjémitique ; gneiss non subdivisé ; quantité mineure de diorite.

FEUILLET *SNRC* 32N/16

Tableau 4.11 – Toponymes et unités lithologiques par regroupement de secteurs (1 occurrence)

Toponyme	*Signification*	*Feuillet*	*Latitude*	*Longitude*
Kachuchusinapuwakamich, Ruisseau	Le ruisseau aux eaux laiteuses	32N/16	51° 47'	76° 23'

Unités lithologiques repérées dans le secteur susmentionné :

2a : Amphibolite, métabasalte et gneiss mafique.

9 : Granitoïdes pré- à syntectoniques : gneiss tonalitique et trondhjémitique ; neiss non subdivisé ; quantité mineure de diorite.

Roches granitiques syn- à tarditectoniques : granite, granodiorite, nite et syénite ; quantité mineure de diatexite.

FEUILLETS *SNRC* 32O/04 – 32O/12

Tableau 4.12 – Toponymes et unités lithologiques par regroupement de secteurs (2 occurrences)

Toponyme	*Signification*	*Feuillet*	*Latitude*	*Longitude*
Kawaseyaukasu, Ruisseau	Le ruisseau au sable blanc étincelant	32O/04	51° 10 '21	75° 35' 25
Kawashekamach, Lac	Le lac aux eaux miroitantes	32O/12	51° 32' 15	75° 35' 05

Unités lithologiques repérées dans les secteurs susmentionnés :

4 : Roches métasédimentaires : paragneiss et schiste à biotite, grenat, orthopyroxène, sillimanite, andalousite, cordiérite, staurotide et/ou disthène ; formation de fer, marbre et granite blanc d'anatexie associé aux roches métasédimentaires ; présence commune de roches intrusives et volcaniques.

9 : Granitoïdes pré- à syntectoniques : gneiss tonalitique et trondhjémitique ; gneiss non subdivisé ; quantité mineure de diorite.

14 : Roches granitiques syn- à tarditectoniques : granite, granodiorite, monzonite et syénite ; quantité mineure de diatexite.

Tableau 4.13 – Toponymes et unités lithologiques par regroupement de secteurs (9 occurrences)

Toponyme	*Signification*	*Feuillet*	*Latitude*	*Longitude*
Mistassini, Pointe de	Le nom cri signifie « les gros rochers »	32P/03	51° 08'	73° 08'
Mistassini-1	Camp dont la partie crie du nom signifie « les gros rochers »	32P/04	51° 05'	73° 53'
Mistassini-10	Camp dont la partie crie du nom signifie « les gros rochers »	32P/04	51° 08'	73° 46'
Mistassini-12	Camp dont la partie crie du nom signifie « les gros rochers »	32P/04	51° 06'	74° 00'
Natastin, Lac	Le lac aux eaux mortes	32P/04	51° 04'	73° 52'
Great Lake Mistassini	Dénomination crie signifiant « le lac aux gros rochers »	32P/04	51° 00'	73° 37'
Wachimiscau, Péninsule	La pointe sablonneuse	32P/06	51°17'	73°04'
Mistassini, Réserve de	réserve de chasse et de pêche dont le nom cri signifie « les gros rochers »	32P/06	51° 30'	73° 15'
Cawatstacau ou Kowatstakau, Rivière	La rivière au sable blanc	32P/13	51° 58' 47"	73° 35' 09"

Unités lithologiques repérées dans les secteurs susmentionnés :

4 Roches métasédimentaires : paragneiss et schiste à biotite, grenat, orthopyroxène, sillimanite, andalousite, cordiérite, staurotide et/ou disthène ; formation de fer, marbre et granite blanc d'anatexie associé aux roches métasédimentaires ; présence commune de roches intrusives et volcaniques.

9 Granitoïdes pré- à syntectoniques : gneiss tonalitique et trondhjémitique ; gneiss non subdivisé ; quantité mineure de diorite.

14 Roches granitiques syn- à tarditectoniques : granite, granodiorite, monzonite et syénite ; quantité mineure de diatexite.

17 Dolomie à stromatolites, arénite, conglomérat et shale (Supergroupe d'Otish et Groupe de Mistassini).

17a Formation de fer à jaspilite (Groupe de Mistassini).

FEUILLET *SNRC* 33A/15

Tableau 4.14 – Toponymes et unités lithologiques par regroupement de secteurs (1 occurrence)

Toponyme	*Signification*	*Feuillet*	*Latitude*	*Longitude*
Kaaupaunahkau Siipii	La rivière de la passe sablonneuse	33A/15	52° 57'	72° 57'

Unités lithologiques repérées dans le secteur susmentionné :

4 Roches métasédimentaires : paragneiss et schiste à biotite, grenat, orthopyroxène, sillimanite, andalousite, cordiérite, staurotide et/ou disthène ; formation de fer, marbre et granite blanc d'anatexie associé aux roches métasédimentaires ; présence commune de roches intrusives et volcaniques.

14 Roches granitiques syn- à tarditectoniques : granite, granodiorite, monzonite et syénite ; quantité mineure de diatexite.

FEUILLETS *SNRC* 33C/12

Tableau 4.15 – Toponymes et unités lithologiques par regroupement de secteurs (2 occurrences)

Toponyme	*Signification*	*Feuillet*	*Latitude*	*Longitude*
Ausaukwanuch, Lac	Le lac où on voit un reflet jaune	33C/12	52° 37'	77° 47'
Kamikwapuschikaw, Lac	Le lac à la boue rouge	33C/12	52° 30'	77° 35'

Unités lithologiques repérées dans les secteurs susmentionnés :

13 Roches tonalitiques syn- à tarditectoniques : tonalite, trondhjémite et granodiorite ; quantité mineure de diorite et de monzodiorite.

14 Roches granitiques syn- à tarditectoniques : granite, granodiorite, monzonite et syénite ; quantité mineure de diatexite.

FEUILLET *SNRC* 33D/10

Tableau 4.16 – Toponymes et unités lithologiques par regroupement de secteurs (5 occurrences)

Toponyme	*Signification*	*Feuillet*	*Latitude*	*Longitude*
Uspwakanasini Aytach, Îles	Les îles où il y a la pierre pour fabriquer des pipes	33D/10	52° 44'	78° 52'
Akapitayapiskach, Anse	La baie des rochers en strates	33D/10	52° 34'	78° 44'
Kawipapiskastikw	La rivière de la roche noire	33D/10	52° 41'	78° 44'
Kawipapiskaw, Baie	La baie de la roche noire	33D/10	52° 43'	78° 47'
Kawipapiskaw, Lac	Le lac de la roche noire	33D/10	52° 43'	78° 41'

Unités lithologiques repérées dans les secteurs susmentionnés :

13 : Roches tonalitiques syn- à tarditectoniques : tonalite, trondhjémite et granodiorite ; quantité mineure de diorite et de monzodiorite

14 : Roches granitiques syn- à tarditectoniques : granite, granodiorite, monzonite et syénite ; quantité mineure de diatexite

FEUILLETS *SNRC* 33E/02 – 33F/02

Tableau 4.17 – Toponymes et unités lithologiques par regroupement de secteurs (3 occurrences)

Toponyme	*Signification*	*Feuillet*	*Latitude*	*Longitude*
Akipitayapiskach, Falaise	La pointe des rochers en strates	33E/02	53° 01'	78° 59'
Wiminuchistikw, Ruisseau	Le ruisseau de la montagne du vermillon	33F/02	53° 10'	76° 57'
Kamikwasisakaw, Ruisseau	Le ruisseau aux rochers rouges	33F/02	53° 04'	76° 52'

Unités lithologiques repérées dans les secteurs susmentionnés :

2a Amphibolite, métabasalte et gneiss mafique.

9 Granitoïdes pré- à syntectoniques : gneiss tonalitique et trondhjémitique ; gneiss non subdivisé ; quantité mineure de diorite.

14 Roches granitiques syn- à tarditectoniques : granite, granodiorite, monzonite et syénite ; quantité mineure de diatexite.

FEUILLETS *SNRC* 33F/10 – 33F/08 – 33G/14 – 33F/01 – 33B/13

Tableau 4.18 – Toponymes et unités lithologiques par regroupement de secteurs (6 occurrences)

Toponyme	*Signification*	*Feuillet*	*Latitude*	*Longitude*
Kawayasakamikaw, Lac	Le lac brillant	33B/13	52° 49'	75° 38'
Kawasitauchitin, Lac	Le lac au sable brillant (?)	33F/01	53° 14'	76° 04'
Kawapakamich	Les lacs blancs	33F/08	53° 27'	76° 22'
Awapakamich, Lac	Le lac à l'eau blanche (laiteuse)	33F/10	53° 34'	76° 50'
Awapakamich, Passe	La passe à l'eau blanche (laiteuse)	33F/10	53° 35'	76° 41'
Awapakamich, Lac	Le lac à l'eau blanche (laiteuse)	33G/14	53° 46'	75° 16'

Unités lithologiques repérées dans les secteurs susmentionnés :

2a : Amphibolite, métabasalte et gneiss mafique

4 : Roches métasédimentaires : paragneiss et schiste à biotite, grenat, orthopyroxène, sillimanite, andalousite, cordiérite, staurotide et/ou disthène ; formation de fer, marbre et granite blanc d'anatexie associé aux roches métasédimentaires ; présence commune de roches intrusives et volcaniques

9 : Granitoïdes pré- à syntectoniques : gneiss tonalitique et trondhjémitique ; gneiss non subdivisé ; quantité mineure de diorite

13 : Roches tonalitiques syn- à tarditectoniques : tonalite, trondhjémite et granodiorite ; quantité mineure de diorite et de monzodiorite

14 : Roches granitiques syn- à tarditectoniques : granite, granodiorite, monzonite et syénite ; quantité mineure de diatexite

18 : Arénite, conglomérat et mudrock (Formation de Sakami)

Tableau 4.19 – Toponymes et unités lithologiques par regroupement de secteurs (4 occurrences)

Toponyme	*Signification*	*Feuillet*	*Latitude*	*Longitude*
Kamihkusakaw, Lac	Le lac aux rochers rouges	33K/05	54° 25'	77° 38'
Kamikwakwasich, Lac	Le lac... rouge	33K/13	54° 49'	77° 38'
Amikukiwasich, Lac	Le lac rouge	33L/08	54° 17'	78° 06'
Kamikuwach Uministikumawaw	L'île des caps rouges	33L/12	54° 37'	79° 43'

Unités lithologiques repérées dans les secteurs susmentionnés :

10 : Granitoïdes syn- à tarditectoniques non subdivisés.

12 : Granitoïdes à orthopyroxène syn- à tarditectoniques : enderbite, opdalite, charnockite et orthogneiss granulitique ; quantité mineure de diatexite à orthopyroxène, de roches métasédimentaires et d'intrusions mafiques à ultramafiques.

14 : Roches granitiques syn- à tarditectoniques : granite, granodiorite, monzonite et syénite ; quantité mineure de diatexite.

FEUILLETS *SNRC* 33M/01 – 33N/02 – 33N/03 – 33N/05 – 33N/06

Tableau 4.20 – Toponymes et unités lithologiques par regroupement de secteurs (8 occurrences)

Toponyme	*Signification*	*Feuillet*	*Latitude*	*Longitude*
Satayaw, Ruisseau	Le ruisseau où c'est brillant	33M/01	55° 09'	78° 07'
Satayaw Sakahikan	Le lac où c'est brillant	33M/01	55° 05'	78° 07'
Auchikapatanuch, Portage	Le court portage de l'eau ocre (?)	33N/02	55° 09'	76° 58'
Kawasikusu	Le lac où on peut apercevoir quelque chose d'argenté dans l'eau	33N/02	55° 03'	76° 51'
Auchikapatanuch, Portage	Le court portage de l'eau ocre (?)	33N/03	55° 11'	77° 24'
Kamikwapiskach, Ruisseau	Le ruisseau aux rochers rouges	33N/05	55° 24'	77° 33'
Wimin	L'endroit où il y a du vermillon (peinture)	33N/06	55° 27'	77° 28'
Wimin Atat Sipis	La rivière où on trouve du vermillon (peinture)	33N/06	55° 27' 29	77° 27' 40

Unités lithologiques repérées dans les secteurs susmentionnés :

2a : Amphibolite, métabasalte et gneiss mafique.

10 : Granitoïdes syn- à tarditectoniques non subdivisés.

14 : Roches granitiques syn- à tarditectoniques : granite, granodiorite, monzonite et syénite ; quantité mineure de diatexite.

19 : Arénite, dolomie à stromatolites et basalte (groupes de Richmond Gulf et de Nastapoka).

CONCLUSION

L'étude des soixante-treize toponymes présentés dans cet ouvrage fait état d'un certain nombre de caractéristiques géologiques observées par la population autochtone des Cris. Il s'agit essentiellement de la couleur : rouge, jaune, ocre, blanc, laiteux ; de l'aspect : argenté, brillant et miroitant ainsi que de la structure visible : roche, montagne, strate, ou vérifiée : eau morte, argile, pierre pour fabriquer les pipes. Lors de ces travaux, ces unités lexicales qualificatives ont été considérées comme des indices, ce qui correspond à la manière de procéder du prospecteur sur le terrain, sauf que dans le cas présent, il s'agit d'observations rapportées par des tierces personnes (les Cris) par le biais des noms de lieux, et non d'observations directes avec prélèvements d'échantillons.

La mobilisation de l'ensemble des ressources toponymiques a fait appel à deux séries de dossiers. La première série consiste en une compilation des toponymes et de leur présentation cartographique : carte au 1/ 300 000e couvrant le secteur (fichier *SNRC*) où il est situé et carte au 1/40 000e sur laquelle figurent ses coordonnées géographiques ; dans la deuxième série, ces mêmes toponymes sont présentés, toujours avec les fichiers *SNRC* sur lesquels ils figurent, avec en regard les unités lithologiques repérées sur les secteurs concernés. La mise en relation des deux séries de dossiers permet d'affiner les hypothèses posant les toponymes en qualité d'indices géologiques.

Par ailleurs, dans le présent chapitre, les toponymes y sont regroupés par zone de proximité relative ; certaines de ces zones ne contiennent qu'un seul toponyme alors que d'autres peuvent en contenir beaucoup plus (18). Dans chacune d'elles, il y est mentionné les unités lithologiques existantes. La mise en relation entre description toponymique et unités lithologiques permettra peut-être de poser des hypothèses quant à l'existence de ressources minéralogiques.

Pour terminer, nous laisserons, avec son accord, la parole à Robert Sansfaçon, géologue pour la société Visible Gold Mines :

> Il est à noter que les unités ou lithologies géologiques utilisées dans ce texte sont des interprétations géologiques gouvernementales de régions encore souvent inexplorées, qui n'ont pas été vérifiées localement sur le terrain. Certains toponymes peuvent montrer de façon très factuelle la présence d'affleurements de roches consolidées qui peuvent être très rares dans une région souvent couverte par des dépôts meubles (roches non consolidées ;

exemple : sable, argile) de l'ère quaternaire. La toponymie proposée dans ce texte peut aussi ne pas correspondre à certaines lithologies géologiques proposées par les géologues du Gouvernement ou être une anomalie qui peut contrarier un prospecteur ou un géologue d'exploration au point de les inciter à vérifier sur le terrain. Ces contrariétés et ces informations constituent alors un premier stade d'exploration minière généré par une application directe de la toponymie.

ANNEXE

LISTE DES UNITÉS LITHOLOGIQUES ET DES MINÉRAUX

1 Roches volcaniques ultramafiques : komatiite, basalte magnésien et roches ultramafiques d'origine indéterminée ; quantité mineure de roches volcaniques mafiques et de roches sédimentaires.
2 Roches volcaniques mafiques et intermédiaires : basalte, andésite et roches pyroclastiques ; quantité mineure d'amphibolite, de roches volcaniques felsiques et ultramafiques, d'intrusions mafiques et de roches sédimentaires.
2a Amphibolite, métabasalte et gneiss mafique.
3 Roches volcaniques felsiques : rhyolite, rhyodacite, dacite, roches pyroclastiques et intrusions porphyriques felsiques ; quantité mineure de roches volcaniques intermédiaires et mafiques et de roches sédimentaires.
4 Roches métasédimentaires : paragneiss et schiste à biotite, grenat, orthopyroxène, sillimanite, andalousite, cordiérite, staurotide et/ou disthène ; formation de fer, marbre et granite blanc d'anatexie associé aux roches métasédimentaires ; présence commune de roches intrusives et volcaniques.
5 Roches sédimentaires : wacke, mudrock, conglomérat et formation de fer.
5a Formation de fer
6 Roches intrusives ultramafiques : pyroxénite, péridotite, hornblendite, serpentinite et filons-couches ultramafiques et mafiques.
7 Roches intrusives mafiques : gabbro, gabbronorite, diorite et complexe de carbonatite ; quantité mineure de roches ultramafiques intrusives et extrusives.
8 Complexes stratiformes : anorthosite, gabbro et pyroxénite.
9 Granitoïdes pré- à syntectoniques : gneiss tonalitique et trondhjémitique; gneiss non subdivisé ; quantité mineure de diorite.
10 Granitoïdes syn- à tarditectoniques non subdivisés.
12 Granitoïdes à orthopyroxène syn- à tarditectoniques : enderbite, opdalite, charnockite et orthogneiss granulitique ; quantité mineure de diatexite à orthopyroxène, de roches métasédimentaires et d'intrusions mafiques à ultramafiques.
13 Roches tonalitiques syn- à tarditectoniques : tonalite, trondhjémite et granodiorite ; quantité mineure de diorite et de monzodiorite.
14 Roches granitiques syn- à tarditectoniques : granite, granodiorite, monzonite et syénite ; quantité mineure de diatexite.
15 Roches granitiques post-tectoniques : granite alcalin à fluorine et monzogranite.
16 Argilite, wacke, conglomérat et tillite (Groupe de Cobalt et Formation de Chibougamau).

17 Dolomie à stromatolites, arénite, conglomérat et shale (Supergroupe d'Otish et Groupe de Mistassini).
17a Formation de fer à jaspilite (Groupe de Mistassini).
18 Arénite, conglomérat et mudrock (Formation de Sakami).
19 Arénite, dolomie à stromatolites et basalte (groupes de Richmond Gulf et de Nastapoka).
21 Impactite (lac à l'Eau Claire).
22 Roches métasédimentaires : paragneiss ; quantité mineure de quartzite, de marbre et de roches calcosilicatées.
23 Granitoïdes non subdivisés (principalement de l'orthogneiss).
24 Granitoïdes à orthopyroxène : orthogneiss granulitique.
25 Roches intrusives tonalitiques : tonalite et gneiss tonalitique ; quantité mineure de roches granitiques.
26 Roches intrusives granitiques : granite, granodiorite et gneiss granitique ; quantité mineure de roches tonalitiques.
27 Roches volcaniques mafiques : basalte et roches pyroclastiques ; présence commune de roches intrusives mafiques à ultramafiques et de roches sédimentaires ; quantité mineure de roches volcaniques felsiques et intermédiaires.
28 Roches métasédimentaires : paragneiss et schiste à biotite, muscovite, chlorite, grenat, sillimanite, hornblende, graphite et/ou hématite ; quartzite ; quantité mineure de formation de fer, de marbre, de roches calcosilicatées et d'amphibolite.
28a Quartzite.
29 Roches sédimentaires de milieu marin distal : mudrock et wacke ; quantité mineure d'arénite, de dolomie, de conglomérat, de chert, de roches volcaniques mafiques et de roches intrusives mafiques à ultramafiques.
30 Roches sédimentaires de milieu fluviatile et de plate-forme marine : arénite, conglomérat, mudrock rouge et dolomie ; quantité mineure de formation de fer, de chert, de wacke, de roches volcaniques mafiques et felsiques et de roches intrusives mafiques à ultramafiques.
31 Dolomie stromatolitique, grès et siltstone dolomitiques et brèche de chert ; quantité mineure de marbre dolomitique.
32 Formation de fer et arénite ; quantité mineure de chert, de conglomérat et de mudrock.
33 Amphibolite et gneiss mafique non subdivisé ; quantité mineure de métabasalte.
34 Roches intrusives ultramafiques : péridotite et pyroxénite ; présence commune de roches mafiques intrusives et extrusives et de roches sédimentaires.
35 Roches intrusives mafiques : gabbro, diorite, gabbronorite et anorthosite ; présence commune de roches intrusives ultramafiques, de roches volcaniques mafiques et de roches sédimentaires.
36 Carbonatite et roches ultramafiques potassiques associées.

37 Granitoïdes (principalement tonalitiques) pré- à syn-hudsoniens : tonalite, diorite quartzifère et granodiorite foliées à gneissiques ; granitoïdes à orthopyroxène non subdivisés ; quantité mineure de paragneiss et de roches intrusives ultramafiques.
38 Granitoïdes à orthopyroxène pré- à syn-hudsoniens : enderbite, opdalite, mangérite, charnockite et orthogneiss granulitique.
39 Granitoïdes (principalement granitiques) syn- à tardi-hudsoniens : granite, granodiorite, diorite quartzifère et tonalite ; granitoïdes à orthopyroxène non subdivisés.
40 Gabbronorite et péridotite (Gabbro de Kyak).
41 Anorthosite et roches intrusives associées (Suite anorthositique de Michikamau).
42 Granite, monzonite quartzifère et syénite (Batholite de Mistastin).
43 Gneiss gris à quartz, plagioclase, biotite et/ou hornblende, gneiss mafique à hornblende et/ou biotite et amphibolite.
44 Gneiss granodioritique et granitique ; granitoïdes foliés ou migmatisés.
45 Gneiss charnockitique et granitoïdes à orthopyroxène.
46 Migmatite.
47 Basalte, rhyolite, tuf et porphyre.
48 Paragneiss, quartzite et amphibolite.
49 Roches calcosilicatées, marbre, dolomie, schiste et quartzite.
50 Marbre, quartzite et schiste.
51 Formation de fer.
52 Quartzite et schiste.
53 Anorthosite et gabbronorite.
54 Gabbro, pyroxénite, troctolite et amphibolite.
55 Granitoïdes à orthopyroxène : charnockite, mangérite, jotunite et syénite à hypersthène.
56 Syénite, monzonite, granodiorite et diorite.
57 Granite et pegmatite.
58 Syénite à néphéline et intrusions alcalines associées.
59 Granite (Granite de Rigaud).
60 Syénite (Syénite de Baie des Moutons).
61 Impactite (réservoir de Manicouagan).
62 Paragneiss (Massif de Chain Lakes).
63 (groupes de Shickshock et de Maquereau).
64 Grès, conglomérat, ardoise, dolomie et phyllade (groupes d'Oak Hill et de Caldwell) ; schiste, phyllade rouge, grès vert et shale vert (Schistes de Bennett).
64a Basalte (Groupe de Caldwell).
65 Mudrock, ardoise vert et rouge, grès, calcaire et basalte (groupes de Saint-Roch, de Sillery, de Shefford et de Trinité ; formations d'Ile-aux-Coudres et de Saint-Bernard-sur-mer).
66 (complexes ophiolitiques de Thetford Mines et d'Asbestos).

67 Grès quartzitique, mudrock, quartzite et ardoise (Groupe de Rosaire) Amphibolite, roches volcaniques mafiques, péridotite, pyroxénite, gabbro et serpentinite.
68 Péridotite (Complexe du mont Albert) ; amphibolite (Amphibolite du Diable).
69 Blocs et copeaux de grès, de roches volcaniques, de granite, de gabbro et de serpentinite (mélanges de Saint-Daniel et de Chesham).
70 Grès, mudrock, conglomérat et calcaire (groupes de Trois-Pistoles et de Philipsburg ; formations de Romieu, de Rivière Ouelle, de Corner-of-the-beach, de Murphy Creek, de Tourelle et de Sainte- Hénédine).
71 Mudstone, conglomérat, shale, grès glauconieux, calcaire et siltstone (Groupe de l'Île d'Orléans ; formations de Lauzon et de Lévis).
72 Grès lithique, mudrock, conglomérat et mélange (Groupe de Mictaw).
73 Grès lithique, calcaire, mudrock, shale et chert (formations de Deslandes et de Cloridorme).
74 Dans une matrice de mudrock rubané vert et noir (Mélange de Cap-Chat).
75 Shale, grès et basalte (formations de Frontenac et de Clinton).
76 Roches volcaniques mafiques et shale (Groupe d'Ascot).
77 Ardoise, grès, mudrock et roches volcanoclastiques (Groupe de Magog).
78 Schiste à blocs (olistostromes de Drummondville et de Rivière Etchemin ; Formation de Citadelle).
79 Stanbridge ; formations de Bourret, de Bulstrode et de Melbourne).
80 Granite (Granite des monts Stoke).
81 Calcaire, mudrock, grès et conglomérat (groupes de Matapédia et d'Honorat ; Formation de Cabano).
82 Mudrock, grès, calcaire et conglomérat (groupes de Chaleurs, de Saint-Francis et de Glenbrooke; formations de Lac Aylmer, de Cranbourne et de Saint-Luc).
82a Basalte.
83 Shale, grès, calcaire et ardoise (groupes de Saint-Francis et de Fortin ; Formation de Témiscouata).
84 Calcaire, mudstone calcareux, grès, ardoise, basalte et rhyolite (Calcaires supérieurs de Gaspé).
85 Grès feldspathique, conglomérat, mudrock vert et rouge et calcaire (Grès de Gaspé) Dolomie stromatolitique, grès et siltstone dolomitiques et brèche de chert ; quantité mineure de marbre.
85a Basalte et rhyolite.
86 Roches intrusives felsiques et mafiques (Suite intrusive de Lemieux).
87 Conglomérat, grès et mudrock rouge (formations de Bonaventure et de Cannes-de-Roches) ; grès, mudrock, sel, gypse, calcaire et roches volcaniques mafiques (Groupe de Windsor) ; grès rouge (Groupe de Pictou).
88 Grès, conglomérat, calcaire et dolomie (Grès de Potsdam ; formations de Brador et de Forteau).
89 Dolomie et grès (Groupe de Beekmantown et Formation de Romaine).

90 Calcaire, grès, shale et siltstone (Formation de Mingan).
91 Calcaire et shale (Groupe de Trenton) ; dolomie, calcaire et grès (Groupe de Black River) ; calcaire, shale et grès (Groupe de Chazy).
92 Shale, ardoise, dolomie, mudstone, siltstone dolomitique et mudstone calcareux (Groupe de Sainte-Rosalie).
93 Shale (Shale d'Utica).
94 Calcaire, shale et grès (groupes de Lorraine et de Jolliet).
95 Shale rouge et grès vert (Groupe de Queenston) ; calcaire et shale (Groupe de Jolliet) ; calcaire (Formation de Red Head Rapids).
96 Calcaire, shale et grès (Groupe d'Anticosti) ; calcaire, dolomie, chert, gypse et anhydrite (formations de Rivière Ekwan, de Rivière Severn et de Kénogami).
97 Calcaire encrinitique (Groupe d'Anticosti).
98 Grès et arkose (Formation de Sextant).

(*Source : Légende extraite de la carte géologique du Québec édition 2002 dv 2002-06 GIS\GeologyAbitibi\CarteGeolQuebec\Examine\autresdonneés\ArcGis\carte géologique.mxd*)

GLOSSAIRE

Astéronyme : nom donné à un astre.

Champ sémantique : ensemble des mots, des notions se rapportant à un même domaine conceptuel ou psychologique[37].

Claims : titres miniers.

Hydronyme : nom propre d'un lac, d'un cours d'eau.[38]

Hyperonyme : Terme dont le sens inclut celui d'un ou de plusieurs autres[39].

Hyponyme : Mot dont le signifié est hiérarchiquement plus spécifique que celui d'un autre.[40]

Lithologie : Science qui a pour objet l'étude des pierres et des roches.[41]

Occurrence : unité lexicale dans le discours (terme/mot).

Odonyme : nom propre qui désigne une voie de communication.

Oronyme : nom propre d'un mont, d'une montagne.

Phonème : Élément sonore du langage articulé considéré d'un point de vue physiologique (disposition des organes vocaux) et d'un point de vue acoustique (perception auditive)[42].

Proxèmes : les mots les plus proches d'un mot-pôle donné[43].

Régionyme : nom de région.

---

[37] http://www.cnrtl.fr/definition/s%C3%A9mantique - Page consultée le 24 avril 2018.

[38] L'ensemble des définitions présentées sont extraites du : *Lexique des termes utiles à l'études des noms de lieux* (Dorion, et Poirier, 1975)

[39] http://www.cnrtl.fr/definition/hyperonyme - *Ibid.*

[40] http://www.cnrtl.fr/definition/hyponyme - *Ibid.*

[41] http://www.cnrtl.fr/definition/lithologie - *Ibid.*

[42] http://www.cnrtl.fr/definition/phon%C3%A8me - *Ibid.*

[43] Sylvain Loiseau, Philippe Gréa, Jean-Philippe Magué, 2011, p. 69.

Syntagme : combinaison de morphèmes ou de mots qui se suivent et produisent un sens acceptable[44].

Toponymie : Ensemble, système formé par les noms de lieux d'une région ou d'une langue[45].

Unité lexicale : Une lexie, aussi appelée unité lexicale, est un regroupement 1) de mots-formes ou 2) de constructions linguistiques qui ne se distinguent que par la flexion[46].

Unité lithologique : relatif à une spécificité minérale.

---

[44] http://www.cnrtl.fr/definition/syntagme - *Ibid.*
[45] http://www.cnrtl.fr/definition/toponymie - *Ibid.*
[46] Polguère, 2002, p. 41.

BIBLIOGRAPHIE

Abréal, Alain. 2002. *La couleur dans les minéraux*. Article, 27 p.

Clément, Daniel. 2007. *Le savoir Innu relatif à la unaman-shipu*. Rapport présenté à Hydro-Québec Équipement, 265 p.

Deferne, Jacques. 2010. *La classification des minéraux*, article, 45 p. https://kasuku.ch/wp-content/uploads/2016/12/02.La_classification_des_mineraux.pdf

Dorion, Henri et Jean Poirier. *Lexique des termes utiles à l'étude des noms de lieux*. Les Presses de l'Université Laval, 1975, 162 p.

Duval, Isabelle. 2009. *Caractérisations géochimique et pétrographique : les matériaux lithiques du site archéologique Cartier-Roberval, Cap-Rouge, Québec*. Mémoire de maîtrise, Université du Québec à Chicoutimi, 225 p.

Ferland, Catherine (dir.). 2007. *Tabac et fumées, Regards multidisciplinaires et indisciplinés sur le tabagisme – XVe – XXes siècles*. CELAT : Les Presses de l'Université Laval, Collection Intercultures, 236 p.

Hamilton, William Roger, Alan Robert Woolley et Arthur Clive Bishop. 1990. *Minéraux, roches et fossiles du monde entier en couleur*. Paris : Bordas, 320 p.

Logan, William Edmond Sir (dir.). 1864. *Rapport de progrès depuis son commencement jusqu'en 1863 ; illustré de 498 gravures dans le texte et accompagné d'un atlas de cartes et de sections*. Montréal : Commission géologique du Canada, 1042 p.

Loiseau Sylvain, Gréa Philippe et Jean-Philippe Magué. « Dictionnaires, théorie des graphes et structures lexicales ». *Revue de Sémantique et Pragmatique*, Presses de l'Université d'Orléans, 2011, p. 51–78. <halshs-00801694>

Martin, Marcienne. 2015. *Le temps minéral*. Montréal : Éditions Dédicaces Inc. 120 p.

Martin, Marcienne. 2007. « Changement sociohistorique et évolution du nomen : l'exemple des compagnies minières situées en Abitibi-Témiscamingue, Québec [Canada] ». *Names in Commerce and Industry: past and present*, Verlag Berlin [Allemagne] : Éditions Logos, p. 285-296.

Moorhead, J., L. Bernier, F. Fallara, J. Goutier et M. Laflèche. 2000. *Caractéristiques des zones d'altération métamorphisées du secteur du lac Shpogan (33F/02 et 33F/03)*. Québec : Ministère des Ressources naturelles, MB 2000-07, 132 p.

Poirier, Jean. 2001. *La toponymie des Hurons-Wendat*. Commission de toponymie du Québec : Dossiers toponymiques, n° 28, 65 p.

Polguère, Alain. 2002. « Notions de base en lexicologie ». *LNG 1080*. Université de Montréal : Observatoire de Linguistique Sens-Texte (OLST). Département de Linguistique et traduction, 218 p.

Schumann, Walter. 2010. *Guide des minéraux et roches*. Paris : Éditions Delachaux et Niestlé, 399 p.

Simard, Janick et *al*. 2011. *Amérindiens et Inuits. Portrait des nations autochtones du Québec*. Québec : Secrétariat aux affaires autochtones, 64 p.

Simard, Jean-Marc et Richard Genest. 1990. « Géologie de la mine Agnico-Eagle Joutel (Québec) ». *In* Rive, M., Pintson, H., and Ludden, J.N. *Characteristics of late Archean plutonic rocks from the Abitibi and Pontiac Sub-provinces, Superior province, Canada. Dans la ceinture polymétallique du Nord-Ouest québécois*. Éditeurs : M. Rive, P. Verpaelst, Y. Gagnon, J.M. Lulin, G. Riverin et A. Simard. L'institut des mines et de la métallurgie, Volume spécial 43. p. 373-381

Vallières, Alain et Danielle Turcotte (dir.). 2003. *La toponymie des Cris*. Commission de toponymie du Québec : Dossiers toponymiques, 263 p.

Vallières, Alain, (dir.). 1999. *La toponymie des Algonquins*, Commission de toponymie du Québec : Dossiers toponymiques, n° 26, 189 p.

Watin-Augouard, Jean. 2005. *Créateur de noms, Marcel Botton et l'aventure Nomen*. Paris : Dunod, 163 p.

Bibliographie et sitographie consultées, mais non référencées dans l'ouvrage

Commission régionale sur les ressources naturelles et le territoire de la Baie-James. 2010. *Portrait minier de la Baie-James*. 181 p. http://www.crrntbj.ca/index.php?option=com_docman&task=doc_details&gid=78&Itemid=121&filter_cat=&yearID=2012&monthID=4

Girault, Jean et Robert Ledoux. 1991 ?. *Guide pratique d'identification des minéraux*. Québec : Les publications du Québec, 114 p.

Mary-Rousselières, Guy. 1966. « Toponymie esquimaude de la région de Pond Inlet ». *Cahiers de géographie du Québec*, vol. 10, n° 20, p. 301-311.

Michaud, Martine et *al.*, 1987. *La toponymie des Attikameks*. Commission de toponymie du Québec : Dossiers toponymiques, n° 21, 220 p.

Paré, Pierre et *al.* 1990. *La toponymie des Naskapis*. Commission de toponymie du Québec : Dossiers toponymiques, n° 22, 111 p.

Paré, Pierre et *al.* 1985. *La toponymie des Abénaquis*, Commission de toponymie du Québec, 120 p.

http://www.gemsdat.be/mimetite.htm

SITOGRAPHIE

http://atilf.atilf.fr/
http://atlas.gc.ca/toporama/fr/index.html
http://atlas.nrcan.gc.ca/site/francais/maps/topo/map
http://operabaroque.fr/Lexique.htm
http://webmineral.brgm.fr:8003/mineraux/Main.html
http://www.cnrtl.fr/
http://www.mrnf.gouv.qc.ca/mines/quebec-mines/2003-06/chibougamau.jsp
http://www.rncan.gc.ca/sciences-terre/geographie/information-topographique/cartes/9768
http://www.toponymie.gouv.qc.ca/
http://www2.ggl.ulaval.ca/personnel/bourque/s5/5.1.carte.geol.quebec.html
https://www.aventuresnouvellefrance.com/blog/amerindiens-du-quebec/
https://plannord.gouv.qc.ca/wp

https://www.premier-
ministre.gouv.qc.ca/actualites/communiques/details.asp?idCommunique=23
4

LISTE DES ILLUSTRATIONS

La géographie aux éditions L'Harmattan

Dernières parutions

NATURES
Miroir des hommes ?
Sous la direction de Sylvie Guichard-Anguis, Anne-Marie Frérot et Antoine Da Lage
La Nature, par définition, n'a rien à dire. Elle est silencieuse. Pourtant, l'homme l'a toujours couverte d'intentions. Cette nature qui nous environne et nous domine répond aussi à nos besoins. Mais, selon les lieux, les époques, s'agit-il des mêmes besoins et mêmes populations ? Cette problématique invite le lecteur au voyage : voyage au cœur des lieux de nature, au cœur des cultures humaines, peut-être au cœur de l'homme lui-même. La condition humaine dans la Nature est une construction aux multiples facettes, reposant sur les perceptions, les représentations, sur les imaginaires et les cultures.
(Coll. Géographie et cultures, 30.00 euros, 336 p.)
ISBN : 978-2-343-03367-9, ISBN EBOOK : 978-2-336-35223-7

ÉTAT (L') ET SA POLITIQUE EXTÉRIEURE
La géographie des diplomates
Villard Jean-Pierre
Dans le cadre de négociations en vue de formaliser un traité de paix, les diplomates font bon usage de documents géographiques. Lors de certaines négociations, des géographes sont associés. Aujourd'hui, les géographes ont moins les faveurs des gouvernements et des médias. Les attaques maladroites contre la géographie classique, dans le sillage des évènements de mai-juin 1968, ont causé du tort à cette discipline. L'auteur de cet ouvrage propose de montrer que la géographie est d'une grande utilité pour les diplomates.
(Coll. Territoires de la géographie, 27.00 euros, 260 p.)
ISBN : 978-2-343-03246-7, ISBN EBOOK : 978-2-336-35275-6

GÉOGRAPHIE D'INTERFACES
Formes de l'interface humanité/espaces terrestres
Brun-Picard Yannick
Cet ouvrage met en lumière des potentialités ouvertes de l'emploi et de la validation du concept d'interface humanité/espaces terrestres pour la géographie et par extension pour toutes les sciences humaines, pour lesquelles les liens entre la surface terrestre, les activités anthropiques, les finalités et les acteurs sont imbriqués au sein de la construction de territoires de nature et de destination parfois opposées.
(Coll. Logiques sociales, 27.00 euros, 264 p.)
ISBN : 978-2-343-00322-1, ISBN EBOOK : 978-2-296-53292-2

RÉPONSE (LA) DE L'OISEAU
Qu'attendent de nous les animaux ?
Sastre Danièle
Depuis toujours le projet de domestication inclut le fait de faire naître les animaux pour les tuer, à un moment ou à un autre. Tant que l'homme n'aura pas clairement défini ce qu'est l'animal pour lui - ce que sont les animaux pour les hommes - les choses ne pourront pas avancer. Cet

ouvrage a été supervisé par des spécialistes en chacune des matières abordées, philosophie, droit, biologie, peinture.
(19.00 euros, 200 p.)
ISBN : 978-2-296-99850-6, ISBN EBOOK : 978-2-296-53394-3

MORT (LA) EST DANS LE PRÉ
Guéret Eric
«Quand on découvrira toute la vérité sur les dangers des pesticides, ce sera un scandale pire que celui du sang contaminé. Je n'ai pas de raisons de me taire». L'agriculteur qui nous parle est atteint d'un cancer à 47 ans. C'est une victime des pesticides qu'il manipule tous les jours. Des centaines d'agriculteurs sont frappés, victimes des produits phytosanitaires. Diagnostics : maladie de Parkinson, leucémie, cancers... Une immersion auprès de ces agriculteurs atteints de maladies mortelles.
(20.00 euros)
ISBN : 978-2-336-00811-0

PRZEWALSKI
Le dernier cheval sauvage
Charbonnier Laurent, Garing Dominique
Les chevaux de Przewalski sont une espèce considérée comme éteinte à l'état sauvage depuis environ un demi-siècle. Nous assisterons au retour d'une dizaine d'entre eux en Mongolie dont ils sont originaires, grâce au travail de l'association Takh qui depuis vingt ans œuvre pour rendre ces animaux à la liberté.
(20.00 euros)
ISBN : 978-2-336-29410-0, ISBN EBOOK : 978-2-296-53462-9

MOTS (LES) DE L'EAU
Dictionnaire des eaux douces – De la métrique à la symbolique
Bethemont Jacques
Ce siècle sera celui de l'eau rare, précieuse, convoitée et difficile à partager. Mais de quoi est-il question ? Il y a l'eau des ingénieurs et celle des poètes, l'eau des agriculteurs et celle des urbanistes, l'eau des stratèges et celle des pèlerins. Il y a le miracle de l'eau qui vivifie les déserts et la malédiction de la grêle ou de la crue. Ce dictionnaire présente diverses formes, usages et symboles de l'eau en assumant les approches du scientifique, de l'ingénieur et du poète.
(34.50 euros, 334 p.)
ISBN : 978-2-336-00562-1, ISBN EBOOK : 978-2-296-50868-2

COURS (LES) D'EAU FRANÇAIS
Approche quantitative
Giret Alain
Il existe peu d'ouvrages synthétiques consacrés à l'hydrologie des fleuves métropolitains dans leur ensemble. Les cours d'eau français font l'objet de mesures hydrométriques depuis le milieu du XIXe siècle et surtout au XXe siècle. Sont ici analysés plus de 2900 jaugeages depuis 1863.
(31.00 euros, 300 p.)
ISBN : 978-2-296-96556-0

IMAGINAIRE (L') DES CARTES
Castoldi Alberto
Dès l'Antiquité jusqu'à nos jours, «l'oeil-monde» s'est attaché à donner forme au monde que nous habitons par le truchement et l'imaginaire des cartes. À côté des cartes scientifiques, on découvre, dans un séduisant voyage, les cartes imaginaires, allégoriques, utopiques, littéraires, virtuelles. (Cartes et illustrations en couleur.)
(Coédition Bergamo University Press Edizioni Sestante, 15.00 euros, 100 p.)
ISBN : 978-2-296-55754-3

Structures éditoriales du groupe L'Harmattan

L'Harmattan Italie
Via degli Artisti, 15
10124 Torino
harmattan.italia@gmail.com

L'Harmattan Hongrie
Kossuth l. u. 14-16.
1053 Budapest
harmattan@harmattan.hu

L'Harmattan Sénégal
10 VDN en face Mermoz
BP 45034 Dakar-Fann
senharmattan@gmail.com

L'Harmattan Cameroun
TSINGA/FECAFOOT
BP 11486 Yaoundé
inkoukam@gmail.com

L'Harmattan Burkina Faso
Achille Somé – tengnule@hotmail.fr

L'Harmattan Guinée
Almamya, rue KA 028 OKB Agency
BP 3470 Conakry
harmattanguinee@yahoo.fr

L'Harmattan RDC
185, avenue Nyangwe
Commune de Lingwala – Kinshasa
matangilamusadila@yahoo.fr

L'Harmattan Congo
67, boulevard Denis-Sassou-N'Guesso
BP 2874 Brazzaville
harmattan.congo@yahoo.fr

L'Harmattan Mali
Sirakoro-Meguetana V31
Bamako
syllaka@yahoo.fr

L'Harmattan Togo
Djidjole – Lomé
Maison Amela
face EPP BATOME
ddamela@aol.com

L'Harmattan Côte d'Ivoire
Résidence Karl – Cité des Arts
Abidjan-Cocody
03 BP 1588 Abidjan
espace_harmattan.ci@hotmail.fr

L'Harmattan Algérie
22, rue Moulay-Mohamed
31000 Oran
info2@harmattan-algerie.com

L'Harmattan Maroc
5, rue Ferrane-Kouicha, Talaâ-Elkbira
Chrableyine, Fès-Médine
30000 Fès
harmattan.maroc@gmail.com

Nos librairies en France

Librairie internationale
16, rue des Écoles – 75005 Paris
librairie.internationale@harmattan.fr
01 40 46 79 11
www.librairieharmattan.com

Librairie l'Espace Harmattan
21 bis, rue des Écoles – 75005 Paris
librairie.espace@harmattan.fr
01 43 29 49 42

Lib. sciences humaines & histoire
21, rue des Écoles – 75005 Paris
librairie.sh@harmattan.fr
01 46 34 13 71
www.librairieharmattansh.com

Lib. Méditerranée & Moyen-Orient
7, rue des Carmes – 75005 Paris
librairie.mediterranee@harmattan.fr
01 43 29 71 15

Librairie Le Lucernaire
53, rue Notre-Dame-des-Champs – 75006 Paris
librairie@lucernaire.fr
01 42 22 67 13

www.ingramcontent.com/pod-product-compliance
Lightning Source LLC
LaVergne TN
LVHW011450061026
849535LV00004BA/1035